Berliner Rekonstruktionen des Mathematikunterrichts

Reihe herausgegeben von

Hauke Straehler-Pohl, Freie Universität Berlin, Berlin, Deutschland

Uwe Gellert, Freie Universität Berlin, Berlin, Deutschland

Eva Jablonka, Freie Universität Berlin, Berlin, Deutschland

Felix Lensing, Freie Universität Berlin, Berlin, Deutschland

In dieser Reihe werden hervorragende Abschlussarbeiten veröffentlicht, die den Mathematikunterricht aus rekonstruktiver Perspektive betrachten. Unabhängig davon, ob die Autor*innen ihr Augenmerk auf die Praktiken oder die Akteure, die Materialitäten oder die Konzeptionen, die Innovationen oder die Kulturen, oder letztendlich auch auf die Theorien des Mathematikunterrichts richten: Immer geht es darum, die Eigenlogik des Mathematikunterrichts herauszuarbeiten und nachzuvollziehen. Die Titel dieser Reihe leisten so allesamt einen Beitrag, das oft als brüchig beschriebene Verhältnis von Theorie und Praxis auf eine fruchtbare Weise neu auszuloten.

Nina Nike Ossenkopp

Inklusiver Mathematikunterricht aus Sicht von Lehrkräften

Eine empirische Untersuchung im Spannungsfeld zwischen Theorie und Praxis

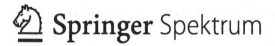 Springer Spektrum

Nina Nike Ossenkopp
Berlin, Deutschland

Das vorliegende Buch wurde als Masterarbeit im Studiengang Grundschulpädagogik an der Freien Universität Berlin vorgelegt.
Lektorat Freie Universität Berlin: Katja Elena Timmerberg

ISSN 2948-183X   ISSN 2948-1848   (electronic)
Berliner Rekonstruktionen des Mathematikunterrichts
ISBN 978-3-658-43476-2   ISBN 978-3-658-43477-9   (eBook)
https://doi.org/10.1007/978-3-658-43477-9

Die Deutsche Nationalbibliothek verzeichnet diese Publikation in der Deutschen Nationalbibliografie; detaillierte bibliografische Daten sind im Internet über http://dnb.d-nb.de abrufbar.

Planung/Lektorat: Marija Kojic
Springer Spektrum ist ein Imprint der eingetragenen Gesellschaft Springer Fachmedien Wiesbaden GmbH und ist ein Teil von Springer Nature.
Die Anschrift der Gesellschaft ist: Abraham-Lincoln-Str. 46, 65189 Wiesbaden, Germany

Das Papier dieses Produkts ist recyclebar.

Inhaltsverzeichnis

Tabellenverzeichnis

Einleitung

1

I: Welche Chancen sehen Sie im inklusiven Mathematikunterricht?

A: [...] Die Chancen für einen Nervenzusammenbruch des Lehrers.[1]

B: Es gibt Kinder, die uns und die Klassen an die Grenzen bringen. Wenn da, [...] die Zusammensetzung zu schwierig ist, vielleicht kann man ein oder zwei solcher Kinder auffangen. Wenn man aber fünf oder sechs hat, die wo [...] die Traumatisierung und der Verhaltensbereich [...] sehr schwer gestört ist, [...] dann kann es sein, dass eine Klasse kippt.[2]

Diese Passagen stammen aus Interviews, die im Rahmen dieser Studie mit Lehrkräften in Bezug auf inklusiven Mathematikunterricht geführt wurden. Seit dem Inkrafttreten der UN-Behindertenrechtskonvention (UN-BRK) im März 2009 ist die Inklusion von Kindern mit einer Behinderung beziehungsweise einem sonderpädagogischen Förderbedarf für alle Lehrkräfte und in allen Schulen in Deutschland verpflichtend und wird zunehmend stärker Teil der gegenwärtigen Schulrealität.[3] Dies bedeutet unter anderem, dass auch Mathematikunterricht inklusiv gestaltet werden muss. Wie die Zitate zeigen, werden die Lehrkräfte dadurch mit Herausforderungen konfrontiert, die es zu bewältigen gilt.

Die Mathematikdidaktik hat viele Gestaltungsprinzipien und Methoden für das inklusive Unterrichten herausgearbeitet. In dieser Arbeit soll der Frage nachgegangen werden, inwieweit ein Spannungsverhältnis zwischen dem Stand der

---

[1] Interviewtranskript Averra.

[2] Interviewtranskript Baffi.

[3] Vgl. Wrase 2015, S. 43.

Theorie zum inklusiven Mathematikunterricht und der diesbezüglichen alltäglichen Praxis im Klassenzimmer besteht. Im Falle von bestehenden Spannungen, sollen außerdem mögliche Gründe für diese untersucht werden. Dazu soll zuerst auf den aktuellen Stand von Theorien zum inklusiven (Mathematik-)Unterricht eingegangen werden, indem zunächst einschlägige Begriffe herausgearbeitet und geklärt werden, um daran anschließend einige Ideen der inklusiven Didaktik und der mathematischen Fachdidaktik vorzustellen. Im Anschluss erfolgt eine Darstellung zweier aktueller Forschungsarbeiten. Um die Perspektive von praktizierenden Lehrkräften zu ergründen, wird eine von der Autorin durchgeführte Interviewstudie vorgestellt. Hierfür wird zuerst das Forschungsdesign skizziert und anschließend auf Ergebnisse und Schlussfolgerungen eingegangen. Nach einem Resümee werden abschließend Desiderata möglicher Anschlussforschungen aufgezeigt.

Theoretischer Hintergrund

2

2.1 Begriffsklärungen

Im Folgenden sollen die für die Masterarbeit relevanten Begriffe herausgearbeitet werden, indem sie auf Gemeinsamkeiten, Unterschiede und ihre Bedeutungen analysiert werden. Des Weiteren wird auf die Begriffsverwendung in der vorliegenden Arbeit und auf die Rückschlüsse für die vorliegende Interviewstudie eingegangen.

2.1.1 Integration vs. Inklusion

Eine klare Definition von „Integration" und „Inklusion" ist aufgrund verschiedener Interpretationen der Begriffe und verschwimmender Grenzen zwischen Ihnen nicht möglich. Die Suche nach einer möglichst einheitlichen Definition eröffnet einen größeren Diskurs. So werden häufig beide Begriffe synonym verwendet oder Abgrenzungen zwischen ihnen unterschiedlich vorgenommen, denen zudem noch unterschiedliche Begriffsverständnisse zugrunde liegen.[1]

Auch mit Blick auf den historischen Kontext erweisen sich Versuche einer Abgrenzung der beiden Begriffe als problematisch. In der Salamanca-Erklärung, welche im Jahr 1994 im englischsprachigen Original veröffentlicht wurde, werden die Begriffe „include" und „inclusive education"[2] verwendet, während in der deutschen Übersetzung von einer „integrativen Bildung" und „integrativen

---

[1] Vgl. Oechsle 2020, S. 18 ff.
[2] UNESCO 1994a, S. IX.

© Der/die Autor(en), exklusiv lizenziert an Springer Fachmedien Wiesbaden GmbH, ein Teil von Springer Nature 2023
N. N. Ossenkopp, *Inklusiver Mathematikunterricht aus Sicht von Lehrkräften*, Berliner Rekonstruktionen des Mathematikunterrichts, https://doi.org/10.1007/978-3-658-43477-9_2

Schulen"[3] gesprochen wird. Grundsätzlich wird in der Salamanca-Erklärung eine „Schule für alle" gefordert und es werden „Prinzipien, Politik und Praxis der Pädagogik für besondere Bedürfnisse"[4] verhandelt. Interessanterweise wird bei dem zugrundeliegenden Leitgedanken von einer Beschulung aller Kinder gesprochen, ohne das Augenmerk dabei ausschließlich auf Behinderung zu legen.

The guiding principle that informs this Framework is that schools should accommodate all children regardless of their physical, intellectual, social, emotional, linguistic or other conditions. This should include disabled and gifted children, street and working children, children from remote or nomadic populations, children from linguistic, ethnic or cultural minorities and children from other disadvantaged or marginalized areas or groups.[5]

Allerdings wird danach betont, dass eine „Pädagogik für besondere Bedürfnisse" Kindern zuteilwerden solle,

[...] whose needs arise from disabilities or learning difficulties. Many children experience learning difficulties and thus have special educational needs at some time during their schooling. Schools have to find ways of successfully educating all children, including those who have serious disadvantages and disabilities.[6]

An dieser Stelle wird nun also von Kindern mit Lernschwierigkeiten oder einer Behinderung gesprochen, die in Regelschulen beschult werden sollen.

Im Artikel 24 der UN-Behindertenrechtskonvention, die 2006 verabschiedet wurde, in Deutschland aber erst 2009 in Kraft trat, wird der englische Begriff „include" noch mit „integrieren" übersetzt[7]. Diese Übersetzung wurde bemängelt, weswegen eine Schattenübersetzung veranlasst wurde[8]. Erst in neueren Bemerkungen (z. B. Allgemeine Bemerkung Nr. 4 (2016) zum Recht auf inklusive Bildung) wird schließlich von „Inklusion" gesprochen. Das in Artikel 24 der UN-Konvention über die Rechte von Menschen mit Behinderungen (UN-BRK) formulierte zentrale Anliegen ist die Beschulung von Menschen mit Behinderungen in Regelschulen beziehungsweise im allgemeinen Bildungssystem[9].

---

[3] UNESCO 1994b, S. 3.

[4] Ebd., S. 1.

[5] UNESCO 1994a, S. 6.

[6] Ebd., S. 6.

[7] Vgl. Bundeszentrale für politische Bildung 2015.

[8] Vgl. ebd.

[9] Vgl. ebd.

Die „Allgemeine Bemerkung Nr. 4 (2016) zum Recht auf inklusive Bildung" geht auf die noch vorhandenen Hindernisse und Herausforderungen der inklusiven Beschulung von Menschen mit Behinderungen ein. Dafür hat der Ausschuss der Vereinten Nationen zum Schutz der Rechte von Menschen mit Behinderungen auf innerstaatlicher Ebene Maßnahmen festgesetzt, die bewältigt werden müssen. Dazu zählt unter anderem auch

[e]ine klare Definition von Inklusion und den konkreten, auf allen Bildungsniveaus angestrebten spezifischen Zielen. Die Grundsätze und die Praxis der Inklusion müssen als unerlässliche Bestandteile von Reformen und nicht lediglich als ein zusätzliches Sonderprogramm betrachtet werden.[10]

Interessanterweise zeigt der Beschluss „Inklusive Bildung von Kindern und Jugendlichen mit Behinderungen in Schulen" der Kultusministerkonferenz (kurz: KMK) aus dem Jahr 2011 Disparitäten in der Definition von Inklusion auf. So liest man dort:

Ein inklusiver Unterricht trägt der Vielfalt von unterschiedlichen Lern- und Leistungsvoraussetzungen der Kinder und Jugendlichen Rechnung. Alle Kinder und Jugendlichen erhalten Zugang zu den verschiedenen Lernumgebungen und Lerninformationen. Es werden die Voraussetzungen dafür geschaffen, dass sie sich über eine Vielfalt an Handlungsmöglichkeiten selbstbestimmt und selbstgesteuert in ihren Entwicklungsprozess einbringen.[11]

In dem Beschluss wird allerdings das Augenmerk auf Kinder mit einer Behinderung gerichtet[12]. Gleichzeitig formuliert die KMK (2021) auf ihrer Website eine andere Definition von inklusiver Bildung. Hier lautet sie wie folgt:

Unter inklusiver Bildung versteht man das gemeinsame Leben und Lernen von Menschen mit Behinderungen und Menschen ohne Behinderungen.[13]

Dies zeigt, dass mit dem Begriff Inklusion verschiedene Bedeutungen assoziiert werden, auf die im Folgenden näher eingegangen wird.

---

[10] Vereinte Nationen 2016, S. 26.
[11] KMK 2011, S. 9.
[12] Vgl. ebd.
[13] KMK 2021.

Der Ausschuss zum Schutz der Rechte von Menschen mit Behinderungen betont die Wichtigkeit der Unterscheidung zwischen „Exklusion, Segregation, Integration und Inklusion"[14] und definiert folgende Unterscheidung:

> *Exklusion tritt auf, wenn Lernende direkt oder indirekt am Zugang zu Bildung in jeder Form gehindert werden, beziehungsweise wenn ihnen dieser Zugang verwehrt wird. Segregation tritt auf, wenn Bildung für Lernende mit Behinderungen in getrennten Umgebungen vermittelt wird, die so ausgelegt sind oder genutzt werden, dass sie auf bestimmte oder unterschiedliche Beeinträchtigungen eingehen und Lernende mit Behinderungen von Lernenden ohne Behinderungen isolieren. Integration ist der Prozess, Menschen mit Behinderungen in bestehenden allgemeinen Bildungsinstitutionen unterzubringen unter der Annahme, dass sie sich an die standardisierten Anforderungen solcher Institutionen anpassen können. Inklusion beinhaltet den Prozess einer systemischen Reform, die einen Wandel und Veränderungen in Bezug auf den Inhalt, die Lehrmethoden, Ansätze, Strukturen und Strategien im Bildungsbereich verkörpert, um Barrieren mit dem Ziel zu überwinden, allen Lernenden eine entsprechenden Altersgruppe eine auf Chancengleichheit und Teilhabe beruhende Lernerfahrung und Umgebung zuteil werden zu lassen, die ihren Möglichkeiten und Vorlieben am besten entspricht. Lernende mit Behinderungen in allgemeinen Klassen ohne begleitende strukturelle Reformen, zum Beispiel in Bezug auf Organisation, Lehrpläne und Lehr- und Lernmethoden unterzubringen, stellt keine Inklusion dar. Darüber hinaus garantiert Integration nicht automatisch den Übergang von Segregation zu Inklusion.*[15]

Festzuhalten ist, dass sowohl im Artikel 24 der UN-Konvention über die Rechte von Menschen mit Behinderungen als auch in der Allgemeinen Bemerkung Nr. 4 (2016) zum Recht auf inklusive Bildung von Inklusion von Kindern mit einer Behinderung gesprochen wird. Allerdings zeigt sich in der Verwendung des Begriffes durch den Ausschuss eine Erweiterung des Blickwinkels, wenn von der Chancengleichheit *aller* Lernenden gesprochen wird. Damit wird der Leitgedanke einer „Schule für alle" aus der Salamanca-Erklärung aufgegriffen. Des Weiteren ist – insbesondere im deutschsprachigen Raum – eine Entwicklung der begrifflichen Verwendung von Integration hin zu Inklusion festzustellen.

Dass es sich bei Inklusion um eine „Weiterentwicklung der Integration"[16] handelt, merkt auch Oechsle (2020) an, nachdem sie sich dem Ansatz der Inklusionsbefürworter widmet. Korten (2020) betrachtet die Begriffe Inklusion und Integration aus bildungspolitischer Sicht und verweist auf die begriffliche Unterscheidung und die damit einhergehende gesellschaftliche Entwicklung im Umgang mit Kindern mit Behinderung oder besonderem Förderbedarf von der

---

[14] Vereinte Nationen 2016, S. 5.

[15] Ebd.

[16] Oechsle 2020, S. 20.

Exklusion und Separation über die Integration zur Inklusion[17]. Unter dem Prozess der Integration versteht Korten, dass Kinder, die zuvor aus den Regelschulen ausgesondert (Exklusion/Separation) wurden, nun „trotz ihrer Beeinträchtigung in die Regelschulen integriert und dort entsprechend ihrer individuellen Bedürfnisse besonders gefördert [werden]"[18]. Den Ausgangspunkt der Integration bildet aber weiterhin eine „Zwei-Gruppen-Theorie"[19], nach der Kinder einen Status „behindert/nicht behindert; mit/ohne sonderpädagogischen Förderbedarf"[20] erhalten und dann der ihnen zugewiesenen Gruppe gemäß beschult werden.

Auch Herkenhoff (2020) setzt sich mit den Begriffen Integration und Inklusion auseinander und führt in ihrer Begriffsherleitung die definitorische Unterscheidung nach Kobi von „bedingte[r] und unbedingte[r] Integration"[21] an. Dieser folgend handelt es sich bei einer bedingten Integration um eine „Zwei-Gruppen-Theorie"[22]. Bezogen auf den schulischen Kontext

beschreibt die bedingte Integration vornehmlich einen additiven Vorgang, bei dem SchülerInnen mit sonderpädagogischem Förderbedarf durch spezielle Ressourcen an die bestehende Klasse angepasst und somit integriert werden.[23]

Bei der unbedingten Integration hingegen wird keine Zuteilung der Kinder zu Gruppen mit oder ohne Behinderung vorgenommen. Stattdessen rückt die Heterogenität aller Menschen in den Vordergrund. Schule würde sich dementsprechend an der von Prengel und Hinz entwickelten „Pädagogik der Vielfalt"[24] orientieren. „Ziel dabei ist eine ‚egalitäre Differenz' im Sinne eines gleichen Rechts auf Verschiedenheit"[25]. Zwar entspreche diese frühzeitige Definition von Integration im Wesen dem heutigen Inklusionsverständnis, allerdings sieht Herkenhoff den entscheidenden Unterschied „in der Betrachtungsweise der anpassbaren Bedingungen"[26]. Die Integration fokussiere sich auf die „Anpassung der individuellen

---

[17] Vgl. Korten 2020, S. 12 ff.

[18] Ebd., S. 13.

[19] Hinz zit. nach: Oechsle 2020, S. 21.

[20] Ebd.

[21] Herkenhoff 2020, S. 111.

[22] Ebd.

[23] Ebd., S. 112.

[24] Ebd.

[25] Korten 2020, S. 14.

[26] Herkenhoff 2020, S. 112.

Voraussetzungen"[27] und sei damit der „Disziplin Sonderpädagogik"[28] zuzuschreiben. Inklusion setze hingegen eine „Anpassung des Systems"[29] voraus, so dass eine Teilhabe aller Kinder in ihrer Heterogenität am System Schule möglich werde.

Im Inklusionsdiskurs selbst stellt Herkenhoff (2020) zwei unterschiedliche Verwendungsweisen fest: Sie unterscheidet die Verwendung eines „engen Inklusionsbegriffes" von der Verwendung eines „weiten Inklusionsbegriffes".[30] Dabei bezieht sich der enge Inklusionsbegriff auf die Inklusion von Kindern mit einem sonderpädagogischen Förderbedarf in die Regelschule[31] und bleibt damit einer Zwei-Gruppen-Theorie verhaftet. Das Verständnis des weiten Inklusionsbegriffes löst sich hingegen von der Zwei-Gruppen-Theorie, indem Behinderungen als eine von vielen möglichen Heterogenitätsformen der Kinder angesehen werden[32]. Aus schulischer Sicht steht bei dieser Lesart von Inklusion die Vielfalt der Kinder im Vordergrund. Diese kann sich beispielsweise im Geschlecht, in der ethnischen Herkunft, im soziokulturellen Status oder auch in einer körperlichen oder geistigen Behinderung der Kinder äußern[33].

Abbildung 2.1 zeigt zusammenfassend die Unterscheidung zwischen Exklusion, Separation beziehungsweise Segregation, Integration und der Inklusion.

In der vorliegenden Arbeit wird unter dem Begriff der Inklusion die gemeinsame Beschulung aller Kinder verstanden. Demzufolge liegt der Studie ein weites Inklusionsverständnis zugrunde. Gleichzeitig ist es aufgrund der verschiedenen Verständnismöglichkeiten des Begriffs Inklusion für diese Untersuchung von Bedeutung herauszufinden, welches Inklusionsverständnis die interviewten Lehrkräfte jeweils selbst besitzen.

---

[27] Ebd., S. 112.
[28] Ebd., S. 113.
[29] Ebd.
[30] Ebd., S. 114.
[31] Vgl. ebd.
[32] Vgl. ebd., S. 115.
[33] Vgl. Korten 2020, S. 15; Herkenhoff 2020, S. 115.

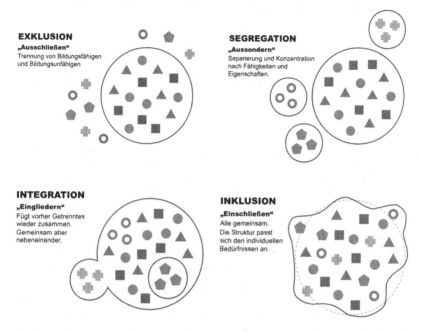

Abbildung 2.1 Unterschied zwischen Exklusion, Segregation, Integration und Inklusion[34]

2.1.2 Heterogenität vs. Diversität

Im Diskurs um das Thema Inklusion treten häufig die Begriffe Heterogenität und Diversität auf. Dabei sind deren genaue Bedeutungen sowie die Abgrenzung der Begriffe voneinander nicht immer eindeutig, weswegen in diesem Kapitel klare Definitionen herausgearbeitet werden sollen.

Dass es bei den beiden Begriffen Heterogenität und Diversität um Vielfalt, Verschiedenheit, Differenzen und Unterschiede geht, wird schon an ihrer Wortherkunft deutlich. Der Begriff Heterogenität stammt aus dem Altgriechischen und setzt sich aus *héteros*, was anders beziehungsweise verschieden bedeutet, und *génos*, was für Klasse beziehungsweise Art steht, zusammen[35]. Aus dem lateinischen *diversitas* leitet sich der deutsche Begriff *Diversität* ab, der

---

[34] https://www.bildungsserver.de/Inklusive-Schule-11008-de.html [Stand: 26.07.2023].

[35] Vgl. Walgenbach 2014, S. 13.

synonym für den Begriff Vielfalt verwendet wird[36]. Oftmals wird im deutschen Sprachgebrauch das englische *diversity* anstelle des Begriffes *Diversität* verwendet.

Walgenbach (2014) verweist in ihrem Buch „Heterogenität – Intersektionalität – Diversity in der Erziehungswissenschaft" auf die Schwierigkeit einer einheitlichen Bestimmung des Begriffes Heterogenität aufgrund von sich widersprechenden Bedeutungsdimensionen[37]. Sie bezieht sich auf Wennig, wenn sie folgende Definition vornimmt:

> *Heterogenität verweist auf Verschiedenheit, Ungleichartigkeit oder Andersartigkeit bezogen auf Individuen, Gruppen oder pädagogische Organisationen. Heterogenität existiert nicht an sich, sondern braucht konstitutiv ein teritum comparationis. Heterogenität ist somit untrennbar mit Homogenität verbunden.*[38]

Unter *teritum comparationis* ist ein Bezugsmerkmal beziehungsweise Bezugsgröße zu verstehen, vor dessen Hintergrund Individuen oder Gruppen überhaupt erst als heterogen beschrieben werden können. Denn, so führt Walgenbach aus, „Schülerinnen und Schüler sind immer nur heterogen in Bezug auf ein beziehungsweise mehrere Merkmale wie Alter, Leistung oder Nationalität"[39].

Während schulische Realität nach diesem Verständnis schon immer von Heterogenität geprägt war, wurde Homogenität früher, so wie teilweise auch heute noch, als Normalfall dargestellt. Vor dem Hintergrund dieser Homogenitätsannahme werden Heterogenitätsdimensionen „als Schere wahrgenommen, die sich bedrohlich öffnet"[40]. Als Startpunkt einer intensiven Debatte um Heterogenität in der Schulpädagogik[41] werden die Ergebnisse der PISA-Studien gesehen, da sie die Aufmerksamkeit auf mit den Ergebnissen korrespondierende soziale Disparitäten richtete und zu einem wachsenden Bewusstsein darüber beitrugen, dass der Umgang mit Heterogenität überdacht werden müsse[42].

Um einen Überblick über die verschiedenen Ansichten zum Thema Heterogenität zu geben, fasst Walgenbach diese in die folgenden vier Bedeutungsdimensionen zusammen:

---

[36] Vgl. Salzbrunn 2014, S. 8.
[37] Vgl. Walgenbach 2014, S. 8.
[38] Ebd., S. 13.
[39] Ebd.
[40] Ebd., S. 14.
[41] Vgl. ebd.
[42] Vgl. ebd., S. 22 f.

- *Heterogenität als Belastung oder Chance (evaluative Bedeutungsdimension)*
- *Heterogenität als soziale Ungleichheit (ungleichheitskritische Bedeutungsdimension)*
- *Heterogenität als Unterschiede (deskriptive Bedeutungsdimension)*
- *Heterogenität als didaktische Herausforderung (didaktische Bedeutungsdimension).*[43]

Die erste Bedeutungsdimension zeigt, dass Heterogenität sowohl positiv als auch negativ konnotiert sein kann. Als negativ wird Heterogenität beispielsweise angesehen, wenn von „überlasteten Lehrkräften, die als Opfer im Heterogenitäts-diskurs ausgemacht werden"[44] oder wenn von Heterogenität als Herausforderung die Rede ist[45]. Heterogenität tritt als positiv hervor, wenn sie beispielsweise als Chance und als Ressource dargestellt wird. Vor allem die Individualisierung von Lernprozessen und die Entwicklung von kooperativen Lernformen sowie Mehrsprachigkeit und Multiperspektivität werden als Chancen dargestellt[46].

Bei der Bedeutungsdimension „Heterogenität als soziale Ungleichheit"' wird „Heterogenität als Produkt sozialer Ungleichheiten in modernen Gesellschaften reflektiert"[47] und somit eine kritische Perspektive eingenommen. Hier wird sowohl der Beitrag der Schule problematisiert, soziale Ungleichheiten außerhalb der Schule zu reproduzieren, als auch die Herstellung sozialer Ungleichheiten innerhalb und durch die Schule. Für diese Dimension sind Heterogenitätsmerkmale wie das Geschlecht, das soziale Milieu und Migration typisch, beispielsweise wenn sich problematische Einstellungen von Lehrkräften anhand von Stereotypen äußern.[48]

Bei der dritten, der deskriptiven Bedeutungsdimension wird Heterogenität weder positiv noch kritisch betrachtet. Stattdessen geraten die verschiedenen Unterschiedlichkeiten in den Blick, unabhängig davon, ob es sich um individuelle Unterschiedlichkeiten handelt oder um Produkte der gesellschaftlichen Entwicklung.[49] Vor allem Leistungsheterogenität löst dabei eine kontroverse Debatte aus, da sie für schulische Belange Fragen aufwirft wie: „[S]ind homogene oder heterogene Lerngruppen insgesamt leistungsfähiger? Wer profitiert von homogenen

---

[43] Ebd., S. 26.
[44] Ebd., S. 26 f.
[45] Vgl. ebd., S. 27.
[46] Vgl. ebd., S. 27 f.
[47] Ebd. S. 29.
[48] Vgl. ebd., S. 29 ff.
[49] Vgl. ebd. S. 36.

beziehungsweise heterogenen Lerngruppen? Für wen stellen heterogene Lerngruppen eher eine Belastung dar?"[50]. Diese Diskussion dreht sich also nicht
nur um die fachliche Leistung der Kinder, sondern reflektiert vor allem auch
deren Entwicklungsmöglichkeiten und wie diese durch die Zusammensetzung von
Lerngruppen beeinflusst werden können[51].

Mit der didaktischen Umsetzung von Heterogenität beschäftigt sich die vierte
Bedeutungsdimension. „Es geht demnach darum, welche handlungspraktischen
Konsequenzen die Akzeptanz von Heterogenität für die Organisation und Gestaltung von Lernprozessen hat"[52]. Grundsatzfragen nach den optimalen schulischen
Bedingungen beziehungsweise Voraussetzungen, wie beispielsweise die Frage
nach einer Maximierung oder Minimierung von Heterogenität oder der Zusammensetzung der Lerngruppen, werden in den Blick genommen, um Heterogenität
als Chance für alle Kinder fruchtbar zu machen[53].

Es zeigt sich, dass die vier Bedeutungsdimensionen in Wechselbeziehung
stehen und teilweise auch Widersprüche aufzeigen. Obwohl sich keine einheit-
liche Definition beziehungsweise Bedeutungsdimension für Heterogenität finden
lässt, kann festgehalten werden, dass auf Heterogenität aus unterschiedlichen
Sichtweisen eher kritisch geblickt wird.[54]

Zwar zeigen sich bei der Rede um *Diversity* auch verschiedene Ansätze,
allerdings gehen diese von einer gemeinsamen Prämisse aus. In diesem Sinn
formuliert Walgenbach folgende Definition:

*Diversity zielt auf die Wertschätzung sozialer Gruppenmerkmale bzw. –identitäten
für Organisationen. Diversity-Merkmale werden als positive Ressource für Bil-
dungsorganisationen gesehen. Die Vielfalt der Organisationsmitglieder erhält somit
Anerkennung. Das pädagogische Ziel ist der positive Umgang mit Diversity sowie die
Entwicklung von Diversity-Kompetenzen.[55]*

Hier wird deutlich, dass *Diversity* eher positiv konnotiert wird. Der Begriff kann
als Weiterentwicklung des Begriffs Heterogenität bezüglich seiner Bedeutungsdimension als Chance und Ressource gelesen werden.

Da in der vorliegenden Arbeit vorrangig der Begriff der Heterogenität verwendet wird, wird der Begriff der Diversität an dieser Stelle nicht weiter

---

[50] Ebd., S. 37.
[51] Vgl. ebd., S. 38.
[52] Ebd., S. 43.
[53] Vgl. ebd. S. 48.
[54] Vgl. ebd., S. 49 f.
[55] Ebd., S. 92.

analysiert. Heterogenität wird hier entsprechend einem weiten Inklusionsverständnis auf alle Heterogenitätsdimensionen bezogen. Außerdem wird der Begriff neutral konnotiert, als ein Merkmal, welches sich durch die Vielfalt der Kinder im Klassenverband ergibt. Auch die Heterogenität von Lernausgangslagen wird im Rahmen dieser Arbeit also schlicht als Unterschiedlichkeit der Kinder betrachtet. Aufgrund der Tatsache, dass der Begriff der Heterogenität oft negativ konnotiert ist, ist es für die vorliegende Interviewstudie von Relevanz herauszufinden, in welchem Verhältnis die interviewten Lehrkräfte zu Heterogenität stehen. Auch deren Entscheidung für die Verwendung der Begriffe Heterogenität oder Diversität werden bei den Interpretationen und Analysen berücksichtigt.

2.1.3 Behinderung/ sonderpädagogischer Förderbedarf

Zwar sind für die vorliegende Arbeit der Heterogenitätsbegriff und Inklusionsbegriff nicht auf Kinder mit Behinderung beschränkt, trotzdem ist die Begriffsbestimmung von Behinderung beziehungsweise von sonderpädagogischem Förderbedarf von Bedeutung, da in Bezug auf Inklusion häufig auf Kinder mit einer Behinderung beziehungsweise mit einem sonderpädagogischen Förderbedarf abgezielt wird. Des Weiteren verweisen die Lehrkräfte in den durchgeführten Interviews auf Kinder mit verschiedenen sonderpädagogischen Förderbedarfen.

Da auch für den Begriff Behinderung verschiedene Ansätze ausgemacht werden können, ist die begriffliche Bestimmung für die vorliegende Arbeit von Relevanz. So gibt es beispielsweise den medizinischen, den interaktionistischen, den sozialrechtlichen oder den pädagogischen Ansatz[56]. Da sich die Arbeit mit dem System Schule befasst, wird hier nur der pädagogische Ansatz genauer betrachtet.

Anstelle von Behinderung wird im Bildungsbereich von sonderpädagogischem Förderbedarf geredet. Dieser wird Kindern zugesprochen, die eine Beeinträchtigung in einem bestimmten Bereich aufweisen. Solche Beeinträchtigungen stehen im Zusammenhang mit „gesellschaftlichen Faktoren und Umweltfaktoren, die eine Behinderung kreieren und aufrechterhalten können, aber sie setzen […] keine gesundheitliche Beeinträchtigung voraus"[57]. Die KMK sieht die Zuschreibung eines sonderpädagogischen Förderbedarfs für Kinder vor,

---

[56] Vgl. Textor 2018, S. 17.
[57] Ebd., S. 22.

die in ihren Bildungs-, Entwicklungs- und Lernmöglichkeiten in einer Weise beein-
trächtigt sind, dass sie im Unterricht der allgemeinen Schule ohne sonderpädagogische
Unterstützung nicht hinreichend gefördert werden können.[58]

Insgesamt unterscheidet die KMK zwischen acht diesbezüglichen unterschiedlichen Förderschwerpunkten, die im Folgenden nur aufgeführt und nicht näher
beleuchtet werden, da durch ihre eindeutige Begrifflichkeit eine detaillierte
Beschreibung nicht notwendig erscheint. Zu den Förderschwerpunkten zählen
der Förderschwerpunkt *Sehen*, der Förderschwerpunkt *Lernen*, der Förderschwerpunkt *emotionale und soziale Entwicklung*, der Förderschwerpunkt *geistige*
Entwicklung, der Förderschwerpunkt *Hören*, der Förderschwerpunkt *körperli-*
che und motorische Entwicklung und der Förderschwerpunkt *Unterricht kranker*
Schülerinnen und Schüler.[59]

2.2   Inklusiver Mathematikunterricht

In den folgenden Kapiteln soll der Frage nachgegangen werden, wie der Mathematikunterricht gestaltet werden kann oder soll, damit er dem Inklusionsgedanken
beziehungsweise den Kindern in ihrer Heterogenität inklusiv gerecht wird. Dazu
wird zuerst ein Blick auf die Inklusionspädagogik geworfen, um danach verschiedene fachdidaktische Konzepte und Methoden vorzustellen, die für die Gestaltung
eines inklusiven Mathematikunterrichts eine wichtige Rolle spielen.

2.2.1   Inklusive Pädagogik/ Didaktik des gemeinsamen Lernens

Zunächst soll die allgemeine inklusive Didaktik betrachtet werden, die als Grundlage für eine inklusive Mathematikdidaktik verstanden werden kann. Der Begriff
der inklusiven Didaktik entwickelte sich erst in den letzten Jahren, weswegen „es […] bislang keinen fixierten Kanon an Inhalten und Wissensbeständen
[gibt], und es sind bislang nur wenige spezifische wissenschaftliche Zugänge klar
beschrieben worden"[60]. Allerdings können didaktische Ansätze der integrativen
Pädagogik, die bereits inklusive Züge aufweisen, sozusagen als Vorläufer und

---

[58] KMK 2017/2018, S. 258.
[59] Vgl. ebd., S. 256.
[60] Biewer, Proyer & Kremsner 2019, S. 129.

Basis der inklusiven Didaktik gesehen werden. Dazu gehört beispielsweise der von Georg Feuser entwickelte Ansatz der entwicklungslogischen Didaktik, der am *gemeinsamen Lernen am gemeinsamen Gegenstand* festhält. Auch die von Prengel thematisierte „Pädagogik der Vielfalt" kann als Vorreiter gesehen werden. Seitz bezieht sich in ihrer Entwicklung einer inklusiven Didaktik auf diese beiden Ansätze und entwickelt sie weiter.[61]

Feuser versteht seinen Ansatz der entwicklungslogischen Didaktik als Grundlage einer „Allgemeinen Pädagogik". Er weist aber darauf hin, dass diese noch zusätzlich als integrativ bezeichnet werden müsse, solange weiterhin eine Separation beziehungsweise Exklusion von Kindern aus der Regelschule oder dem dort vorhandenen Unterrichtsangebot stattfindet.[62] Obwohl Feuser von einer integrativen Pädagogik spricht, vermitteln seine Forderung „einer Schule für alle'" und seine Kerngedanken, „alle Menschen ohne sozialen Ausschluss und Verweis z. B. in sonderpädagogische Felder und ohne reduktionistische und parzellierte Lernangebote zu unterrichten"[63], ein weites Inklusionsverständnis.

In seinem Ansatz bezieht sich Feuser überwiegend auf Klafki und orientiert sich unter anderem an Piaget und Vygotskijs „Zone der nächsten Entwicklung". Für Feuser steht in seiner entwicklungslogischen Didaktik nicht die Wissensaneignung als Ziel des Lernens im Vordergrund, sondern der Erkenntnisgewinn, der sich aus der gemeinsamen Kooperation erschließt.[64] In seiner entwicklungslogischen Didaktik beschäftigt er sich mit der Frage nach einem Unterrichtsmodell, das jedem Kind Teilhabe ermöglicht. Für seine entwicklungslogische Didaktik arbeitet er drei Analysefelder als Basis für die didaktische Struktur heraus, für die er wiederum drei Aspekte zu Grunde legt, und darauf aufbauend ein Unterrichtsmodell skizziert.[65]

Im didaktischen Feld lassen sich drei Strukturen analysieren – die Handlungs-, die Tätigkeits- und die Sachstruktur. Letzte beschäftigt sich mit der „Inhaltsseite des Unterrichts"[66]. Die Aufschlüsselung und Präsentation liegt nach Feuser in den Händen der Lehrkräfte und gehört zu deren Unterrichtsvorbereitung[67]. An Vygotskijs „Zone der nächsten Entwicklung" orientiert sich die Tätigkeitsstrukturanalyse, in der die möglichen Tätigkeiten des Kindes von der Lehrkraft in den

---

[61] Vgl. ebd., S. 129 f.; Korff 2016, S. 39 ff.

[62] Vgl. Feuser 2004, S. 144.

[63] Ebd.

[64] Vgl. ebd., S. 147.

[65] Vgl. ebd.

[66] Ebd.

[67] Vgl. ebd.

Blick genommen werden und als Grundlage ihrer Unterrichtsvorbereitung dienen sollen. Feuser merkt mit Blick auf Vygotskij an, dass „Lernen stets in der
‚nächsten Zone der Entwicklung' [...] statt[finden]"[68] soll, aber „die Kommunikation und Interaktion mit dem Schüler, wie die Inhalte des Unterrichts, ihm
auf der Basis seiner momentanen Wahrnehmungs-, Denk- und Handlungskompe-
tenz zugänglich sein müssen"[69]. Demnach muss die Lehrkraft eine Analyse des
aktuellen Entwicklungsstandes des Kindes vornehmen und dessen Weiterentwick-
lungsmöglichkeiten betrachten. Die Handlungsstrukturanalyse, welche als Basis
angesehen werden kann, rückt das Kind ins Zentrum der Aufmerksamkeit, indem
die Lehrkraft dessen Handlungsmöglichkeiten fokussiert.[70]

Eine entwicklungslogische Didaktik hätte mit Bezug auf die Tätigkeitsstrukturana-
lyse im Sinne der Handlungsstrukturanalyse, die Frage zu beantworten, welche
inhaltlichen Momente sich einem Schüler in der handelnden Auseinandersetzung mit
diesen sinnbildend erschließen können und im Sinne der Ausdifferenzierung inter-
ner Repräsentationen ein qualitativ neues und höheres Wahrnehmungs-, Denk- und
Handlungsniveau anbahnen und absichern.[71]

Die drei wesentlichen Aspekte, die der didaktischen Struktur Feusers zugrunde
liegen, sind Kooperation, die Arbeit am gemeinsamen Gegenstand und innere
Differenzierung. Laut Feuser kann das Zusammenwirken aller drei Aspekte nur
im Projektunterricht verwirklicht werden. Zur Veranschaulichung eines solchen
Unterrichts bedient sich Feuser dem Bild eines Baumes. Der Stamm bildet dabei
den gemeinsamen Gegenstand, also das Thema des Projektes. Die Wurzeln grenzen die mögliche Fachwissenschaft und die daraus gezogenen Erkenntnisse ab.[72]
Die Äste und Zweige symbolisieren die verschiedenen Handlungsmöglichkeiten, die am gemeinsamen Gegenstand vorgenommen werden können — „am
Astansatz sinnlich konkret repräsentiert und an der Astspitze in seiner abstrakt-
logischen Gestalt, in seiner symbolisierten internen Rekonstruktion z. B. in Form
von Sprache, Schrift, Formeln und Theorien"[73]. Des Weiteren müssen alle Entwicklungsniveaus auf den Ästen vertreten sein, damit jedes Kind auf seinem
„momentanen Wahrnehmungs-, Denk-, und Handlungsniveau"[74] am Unterricht,

---

[68] Ebd., S. 148.
[69] Ebd.
[70] Vgl. ebd., S. 149.
[71] Ebd.
[72] Vgl. ebd.
[73] Ebd., S. 150.
[74] Ebd.

der auf dem gemeinsamen Gegenstand basiert, teilhaben kann. Nach diesem Modell können laut Feuser die Kinder zieldifferent, kooperierend und auf ihrem jeweiligen Entwicklungsniveau miteinander zu einem gleichen Thema lernen.[75] Abschließend ist zu sagen, dass Feuser Inklusion als umfassenden Aspekt von Unterricht und Schule betrachtet.

> ,Allgemeine Pädagogik' meint, dass alle Kinder und Schüler in Kooperation miteinander auf ihrem jeweiligen Entwicklungsniveau nach Maßgabe ihrer momentanen Wahrnehmungs-, Denk- und Handlungskompetenz in Orientierung auf die „nächste Zone ihrer Entwicklung" an und mit einem gemeinsamen Gegenstand spielen, lernen und arbeiten.[76]

Simone Seitz (2006) greift den Ansatz Feusers zum Lernen am gemeinsamen Gegenstand auf und entwickelt die inklusive allgemeine Pädagogik weiter, indem sie für eine inklusive Didaktik die Orientierung am Kind fokussiert. Wie Feuser zeigt auch sie ein weites Inklusionsverständnis, da sie als Zieldimension eine ,Schule für alle' definiert und nicht von Kindern mit einer Behinderung beziehungsweise einem sonderpädagogischen Förderbedarf spricht. Laut Seitz ist die Sensibilität der Lehrkraft für die Verschiedenheiten und Gemeinsamkeiten der Kinder notwendig, um die Bedürfnisse für einen inklusiven Unterricht zu ermitteln. Allerdings weist Seitz' Ansatz darüber hinaus, wenn sie von einem „dichten und beweglichen Geflecht unterschiedlicher Dimensionen von Gemeinsamkeit und Verschiedenheit"[77] spricht. So wird bei ihrer Betrachtung von Lernausgangslagen verschiedener Kinder deutlich, dass diese sich nicht in Gegensätzen, wie „behindert" und „nicht behindert", beziehungsweise auf einer Skala, wie „schwer behindert" bis „hochbegabt" beschreiben lassen,

> [d]enn die individuellen Deutungsmuster und Zugangsweisen der Kinder sind erfahrungsgebunden und unmittelbar in die individualbiografischen und sozial verfassten Verschiedenheiten der Lebenswelten und Entwicklungsdynamiken ,eingewoben'. Damit sind sie einzigartig und unverwechselbar, zugleich aber von Ähnlichkeiten ,durchzogen', die nicht mit dichotomen Mustern erfasst werden können.[78]

---

[75] Vgl. ebd., S. 149.
[76] Ebd., S. 150.
[77] Seitz 2006, o.S.
[78] Ebd.

Dieser Art des Blickwinkels übersetzt sich in ihren Begriff der „fraktalen (,selbstähnlichen') Muster"[79]. Den Gedanken Feusers weiterentwickelnd setzt sie anstelle des Projektunterrichts einen offenen Unterricht, der an Motivation und Interessen der Kinder anknüpft, sie selbst ihren „Kern der Sache" entdecken und damit handelnd in Beziehung treten lässt.[80] Seitz (2008) entwickelte fünf Leitlinien, welche die für sie wesentlichen Elemente einer inklusiven Didaktik zusammenfassen. Dazu gehören:

Leitlinie 1: „Die Potenziale der Kinder in den Blick nehmen"

Leitlinie 2: „Auf Spuren von Gemeinsamkeiten und Verschiedenheiten achten"

Leitlinie 3: „Alle Kinder mit Kindern und von Kindern lernen lassen"

Leitlinie 4: „Mit den Kindern zum ,Kern der Sache' kommen"

Leitlinie 5: „Beobachten, Reflektieren und Handeln verknüpfen".[81]

Seitz fügt hinzu, dass die Lehrkraft durch ,Beobachten, Reflektieren und Handeln verknüpfen' einen wichtigen diagnostischen Anteil am Unterricht trägt. Dabei ist es wichtig, eine „Ordnung der Blicke"[82] vorzunehmen und die Kinderperspektive nicht aus den Augen zu verlieren. Der Unterricht solle außerdem spontan und flexibel umgestaltet werden können, denn

[m]it den Kinderperspektiven als Ausgangspunkt kann folglich ein Lerninhalt grundlegend ,vom Kopf auf die Füße' gestellt werden. Lerninhalte können dann im Unterricht gewissermaßen ,entlang' der spezifischen Zugänge und Deutungsmuster jeder einzelnen, unverwechselbaren Persönlichkeit aufgefächert werden, die Motivationen der Kinder werden dabei klarer erkennbar.[83]

Seitz fasst die Lehrkraft als diagnostischen Wegbegleiter und Unterstützer der Kinder auf, die „Aufmerksamkeit und Hilfestellung für intensive Kommunikationsprozesse der Kinder untereinander über die eigenen Sicht- und Lernweisen"[84] gibt. Sie betont des Weiteren die Wichtigkeit des sich Durchdringens

---

[79] Ebd.
[80] Vgl. ebd.
[81] Seitz 2008, S. 227 ff.
[82] Seitz 2006, o.S.
[83] Ebd.
[84] Ebd.

und Vernetzens der kindlichen und fachlichen Perspektiven, damit „tief grei-
fende[s] Lernen"[85] stattfinden kann und jedes Kind innerhalb der Lernumgebung
sozial eingebunden ist[86]. Die inklusive allgemeine Didaktik bedeutet für Seitz
eine Kooperation am gemeinsamen Gegenstand unter der Berücksichtigung der
Interessen und Potenziale der Kinder, was individualisierte Lernumgebungen
erforderlich macht.

2.2.2 Fachdidaktik der Mathematik

Aus der Literaturrecherche zur inklusiven Gestaltung des Mathematikunterrichts
beziehungsweise zum Umgang mit Heterogenität im Mathematikunterricht wird
deutlich, dass verschiedene Ansätze und Meinungen existieren, es aber keine
konkrete „Anleitung" für Lehrkräfte gibt, den Unterricht entsprechend der Anforderungen, die Heterogenität mit sich bringt, zu gestalten. In diesem Kapitel
sollen existierende Ansätze vorgestellt werden, um einen Einblick in vorhandene
fachdidaktische Perspektiven zu ermöglichen. Einige Autorinnen und Autoren
sprechen in ihren Ausarbeitungen von einem guten inklusiven Mathematikunterricht. Jedoch ist der Begriff „gut" sehr subjektiv konnotiert und nicht wirklich
aussagekräftig, weswegen in der vorliegenden Arbeit nur die Aspekte und Ziele
herausgearbeitet werden, die die Autorinnen und Autoren damit verbinden.

Dass das gemeinsame Lernen am gemeinsamen Gegenstand eine entscheidende Rolle für den inklusiven Unterricht im Allgemeinen spielt, wurde bereits
dargelegt. In Verbindung damit treten Fragen nach der Art der Differenzierung,
der Individualisierung und auch der Förderung auf. Auf diese sowie andere
Gestaltungsprinzipien und Methoden wird im Folgenden eingegangen, wobei
aufgrund des begrenzten Umfangs dieser Arbeit nur die Kernelemente herausgearbeitet werden können. Bevor diese übersichtsartig dargestellt werden, sollen
zuerst kurz einige Grundlagen des Mathematikunterrichts beleuchtet werden.

2.2.2.1 Mögliche Grundlagen eines inklusiven Mathematikunterrichts

Wird der Frage nachgegangen, was den Mathematikunterricht auszeichnet, wird
in der Regel auf die sogenannten fundamentalen Ideen verwiesen. Diese sollen
den gemeinsamen Gegenstand für das Mathematiklernen darstellen. Allerdings

---

[85] Ebd.
[86] Vgl. ebd.

besteht bisher kein Konsens darüber, welche Ideen das sind und was sie charakterisiert.[87] Es stellt sich also die Frage, wie Lehrkräfte ihren Mathematikunterricht an einem gemeinsamen Gegenstand gestalten sollen, der durch solch unbestimmte fundamentale Ideen gekennzeichnet ist.

Werner arbeitet heraus, dass eine Erweiterung des „kulturhistorisch und fachwissenschaftlich begründete[n] Verständnis[ses] von Mathematik um die Funktion des Mathematikunterrichts"[88] erfolgen muss, „um den ‚gemeinsamen Gegenstand' der Mathematik für schulpädagogische resp. inklusive Settings zu umreißen"[89]. Dabei bezieht sie sich auf das von der KMK (2011) formulierte Ziel einer „[e]rfolgreiche[n] Bildung"[90], die zum einem in einen Schulabschluss und zum anderen in die „aktiven Teilhabe an der Gesellschaft"[91] mündet. Werner verweist in diesem Zusammenhang auf die von der KMK festgelegten zu erwerbenden Kompetenzen der Mathematik, „die als Kompetenzstrukturmodell gegenwärtig die ‚Kernidee' von Mathematik im schulischen Kontext"[92] darstellen. Dabei wird in den Bildungsstandards zwischen den prozessbezogenen beziehungsweise allgemeinen Kompetenzen und den inhaltsbezogenen Kompetenzen unterschieden. Zudem werden diesbezüglich verschiedene Anforderungsbereiche benannt.[93]

Die Bildungsstandards können als inhaltlicher Rahmen für den Mathematikunterricht gesehen werden, müssen dann aber hinsichtlich eines inklusiven Unterrichts weiterentwickelt werden, um beispielsweise „unterschiedliche Heterogenitätsebenen zu charakterisieren und ein entsprechendes didaktischmethodisches Design zu begründen"[94]. Werner äußert, dass „fundamentale Ideen […] die Vernetzung zwischen Inhalten, deren Repräsentationen, Aktivitäten mit und über Inhalte, deren historische Genese und der Person des Mathematiktreibenden erkennen lassen [sollten]"[95] und das Ansehen von „Persönlichkeitsideen

---

[87] Vgl. Werner 2019, S. 23 ff.

[88] Ebd., S. 27.

[89] Ebd.

[90] KMK 2011, S. 8.

[91] Ebd.

[92] Werner 2019, S. 30.

[93] Vgl. ebd., S. 30 f.; Berliner Senatsverwaltung für Bildung, Jugend und Familie & Ministerium für Bildung, Jugend und Sport des Landes Brandenburg (nachfolgend: Rahmenlehrplan Mathematik 2015), S. 5.

[94] Werner 2019, S. 35.

[95] Von der Bank zit. nach: Werner 2019, S. 36.

als Teil fundamentaler mathematischer Ideen"[96] sinnvoll bezüglich der Heterogenität erscheint[97]. Jütte & Lüken (2021) verweisen außerdem darauf, dass die Orientierung an fundamentalen Ideen das spiralcurriculare Lernen miteinbezieht, was bedeutet, dass Lerninhalte im Laufe der Schulzeit auf unterschiedlichen Niveaus erneut aufgegriffen und vertieft werden.[98]

Mit den Worten von Jütte & Lüken ist abschließend zu sagen, dass „[m]it fundamentalen Ideen [...] folglich mathematische Inhalte aufgezeigt [werden], die für die Entwicklung aller Kinder entscheidend sind"[99]. Auch aus diesem Grund und dem nicht bestehenden Konsens über das Wesen der Ideen ist es wichtig,

dass unter Lehrkräften immer wieder darüber gesprochen wird, worauf es im Mathematikunterricht ankommt, und welche Fragestellungen und Unterrichtsvorhaben sich besonders eignen, entdeckendes Lernen zu ermöglichen um den strukturellen Kern der Mathematik zu erschließen.[100]

Eine weitere wichtige Grundlage des Mathematiklernens ist die Sprache, da sie zum einen als Lerngegenstand und zum anderen als Unterrichtsmedium angesehen werden kann[101]. Krummheuer betont ihre Wichtigkeit für den Mathematikunterricht:

Einer der bedeutsamsten Vorhersagefaktoren für Erfolg im Mathematikunterricht ist das Sprachverständnis. [...] Es ist [...] ein Indiz dafür, dass Mathematikunterricht ein sprachgebundener sozialer Prozess ist, für dessen Teilhabe die Fähigkeit des Verstehens von Sprache wie auch ihrer Produktion ein ganz entscheidender Faktor ist.[102]

Die Teilhabe der Kinder am Unterricht in ihrer Heterogenität bedingt eine Verknüpfung der Fach-, Bildungs- und Unterrichtssprache, um den fachlichen Austausch als festen Bestandteil des Mathematikunterrichts zu garantieren. Beispielsweise muss eine „[a]ngemessene sprachlich-kommunikative Lernumgebung

---

[96] Werner 2019, S. 36.

[97] Ebd.

[98] Vgl. Jütte & Lüken 2021, S. 37.

[99] Ebd.

[100] Winter 2001.

[101] Vgl. Werner 2019, S. 44.

[102] Krummheuer zitiert nach: Werner 2019, S. 51.

z. B. über Visualisierung und Orientierungshilfen sowie Sicherung des Aufga-
benverständnisses"[103] in den Mathematikunterricht integriert werden, damit auch
Kinder mit einem Förderstatus Hören oder Kinder mit einem Migrationshinter-
grund, die mit der deutschen Sprache noch nicht so vertraut sind oder nicht als
Erstsprache haben, am gemeinsamen Lernen teilhaben können. Damit dies auch
für Kinder mit einem Förderstatus Hören ermöglicht wird, wäre darüber hinaus
der Gebrauch von Gebärdensprache in den Unterricht zu integrieren.[104]

2.2.2.2 Differenzierung, Individualisierung & Förderung im gemeinsamen Mathematikunterricht

Um der Heterogenität der Kinder im Unterricht gerecht zu werden, stellt die Differenzierung ein wichtiges Gestaltungsprinzip für den Mathematikunterricht dar.
Differenzierung kann hierbei unterschiedlich ausformuliert werden. Bei der inneren Differenzierung, die Feuser und Seitz in ihrer integrativen beziehungsweise
inklusiven Didaktik als notwendig erachten, wird eine Differenzierung innerhalb
der Lerngruppe vorgenommen, so dass jedes Kind auf seinem Leistungsstand
am Unterricht teilhaben kann. Diese Art der Differenzierung bezieht sich nach
Feuser auf die verschiedenen Zugangsebenen des gemeinsamen Gegenstands.
Der Begriff der Binnendifferenzierung wird synonym zum Begriff der inneren
Differenzierung verwendet.[105]

Als eine spezifische Form der inneren Differenzierung kann die natürliche
Differenzierung angesehen werden, welche sich vor allem in der Mathematikdidaktik durchsetzt. Sie wird als eine „mathematikdidaktische Konzeption zum
Umgang mit Heterogenität betrachtet"[106]. Korff verweist darauf, dass Freuden-
thal den Gedanken bereits in den 1970er Jahren äußerte[107]. Dabei habe er es
als selbstverständlich erachtet, dass Kinder auf unterschiedlichen Kompetenzstufen am gleichen Gegenstand arbeiten. Wie Feuser und Seitz sieht es auch Korff
als notwendig an, dass die Kinder auf ihren unterschiedlichen Leistungsstufen
miteinander und voneinander lernen.[108]

Im Gegensatz zu anderen Differenzierungsmaßnahmen, die überwiegend durch
die Lehrkraft ausgeführt beziehungsweise in den Unterricht implementiert werden, zeichnet sich die natürliche Differenzierung aus durch die Orientierung „vom

---

[103] Werner 2019, S. 55.

[104] Vgl. ebd., S. 37 ff.

[105] Vgl. Walgenbach 2014, S. 45; Korff 2016, S. 43.

[106] Jütte & Lüken 2021, S. 37.

[107] Vgl. Korff 2016, S. 67.

[108] Vgl. ebd.

Kind aus"[109]. Dies bedeutet, dass die Aufgaben in ihrer Komplexität und in ihrem Inhalt zunächst einheitlich angelegt sind und Differenzierungen beziehungsweise unterschiedliche Kompetenzstufen durch die Heterogenität der Kinder auf sozusagen natürliche Weise eingebracht werden. Korff betont dabei, dass es nicht lediglich um das Arbeiten „am gleichen Thema in – nach Schwierigkeitsstufen differenzierten – getrennten Materialien"[110] geht, sondern „„dass alle an einer gemeinsamen (übergreifenden) Problemstellung arbeiten"[111]. Durch Entscheidungen über „Ansatzpunkte, Bearbeitungswege und die Tiefe der Bearbeitung"[112] von den Kindern wird die natürliche Differenzierung verwirklicht. Um die Kinder dabei zu unterstützen, sollen mögliche Zugänge und Bearbeitungsweisen diskutiert werden. Dieser Austausch wird von der Lehrkraft unterstützt und findet unter den Kindern kommunikativ statt.[113]

Die natürliche Differenzierung vom Kind aus fordert von den Lehrkräften einen speziellen Handlungsrahmen und schreibt ihnen eine neue Rolle zu. So wird beispielsweise von den Lehrkräften „eine hohe fachliche Souveränität und diagnostische Kompetenz [...] verbunden mit der Kenntnis von Frage- und Impulstechniken und der Anregung von (Meta-)Kommunikation in der Gruppe"[114] verlangt. Gleichzeitig muss die Lehrkraft sich mit sofortigem Eingreifen durch Hilfestellungen bei Schwierigkeiten oder Hindernissen zurückhalten, damit den Kindern Raum zur Entfaltung gegeben werden kann. Die Lehrkraft muss außerdem offen für differenzierte Unterrichtsmethoden sein und Deutungsdifferenzen zulassen, damit eine Problemzentrierung durch das Kind erfolgen kann.[115]

Eine Umsetzungsmöglichkeit der natürlichen Differenzierung sieht Korff in Lernumgebungen. In Abschnitt 2.2.2.3 werden diese expliziter vorgestellt. Des Weiteren nennt sie „produktive Übungsformen wie die schönen Päckchen"[116] als Beispiel für die natürliche Differenzierung.[117]

Zusammenfassend ist festzuhalten, dass die natürliche Differenzierung im Unterricht Kindern durch die Kooperation, Kommunikation und vor allem durch

---

[109] Wittmann & Müller zit. nach: Jütte & Lüken 2021, S. 37.

[110] Korff 2016, S. 68.

[111] Ebd.

[112] Jütte & Lüken 2021, S. 37.

[113] Vgl. Korff 2016, S. 68.

[114] Korff 2016, S. 69.

[115] Vgl. ebd.

[116] Ebd.

[117] Vgl. ebd., S. 68 f.

den natürlichen Umgang mit der Heterogenität der Kinder die Möglichkeit gibt, einen positiven Lernerfolg zu erzielen und die Teilhabe am Unterricht zum gemeinsamen Gegenstand zu verwirklichen.

Ein weiteres Begriffspaar, welches in Bezug auf den Umgang mit Heterogenität in der Mathematikdidaktik auftaucht, ist das zielgleiche und zieldifferente Unterrichten[118]. Einer weiteren Definition bedarf es an dieser Stelle nicht, weil diese Begriffe selbsterklärend sind. Dieser Herangehensweise entsprechend muss „der mathematische Inhalt so […] strukturier[t] [werden], dass Ziele auf verschiedenen Entwicklungsniveaus erreicht werden können"[119].

Zieldifferentes Lernen sieht Häsel-Weide „als notwendige Rahmenbedingung des gemeinsamen Lernens"[120], was sie durch den Entwurf dreier idealtypischer Lernsettings inklusiven Unterrichts verdeutlicht. Sie unterscheidet folgende Varianten, wobei die dritte besonders wertgeschätzt wird[121]:

- *Zieldifferentes Lernen in exklusiven Einzel- oder Kleingruppensituationen*
- *Zieldifferentes Lernen an verschiedenen Gegenständen in heterogenen/oder homogenen Gruppen*
- *Zieldifferentes Lernen durch differenzierende, reichhaltige Lernangebote am gemeinsamen Gegenstand in heterogenen Gruppen.*[122]

Dabei ist zu beachten, dass

[a]lle Lernsituationen […] im inklusiven Unterricht ausbalanciert werden [sollten], so dass sowohl die Verschiedenheit der Kinder als auch die Gemeinsamkeit des fachlichen und sozialen Lernens in der Gruppe in ausgewogener Weise zur Geltung kommen.[123]

Um zieldifferentes Lernen zu ermöglichen, soll der Mathematikunterricht lebensweltlich- und kompetenzorientiert sein[124], sodass „der Ausgangspunkt zur Auseinandersetzung mit Mathematik jeweils eine alltagsnahe, authentische Situation"[125] darstellt. Durch das Lösen von alltagsnahen Problemen auf je individuellem Leistungsstand kann sich jedes Kind am Unterrichtsgeschehen

---

[118] Vgl. KMK 2017, S. 2.

[119] Korten 2020, S. 76.

[120] Häsel-Weide 2016, S. 10.

[121] Vgl. ebd.

[122] Ebd.

[123] Ebd.

[124] Werner 2019, S. 120.

[125] Ebd.

beteiligen[126]. Dabei bedingen die verschiedenen Differenzierungsmöglichkeiten eine Individualisierung des Unterrichts, der gleichzeitiges Fordern von leistungsstärkeren Kindern und Fördern von leistungsschwächeren Kindern möglich macht. Bezüglich des Förderns äußern Scherer & Moser Opitz, dass dieses „optimalerweise im Rahmen des regulären Unterrichts statt[finden]"[127] sollte. Dies kann durch die innere beziehungsweise natürliche Differenzierung erfolgen[128]. Allerdings machen sie auch darauf aufmerksam, dass

> *es für die Förderung von lernschwachen Schülerinnen und Schülern sinnvoll sein [kann], zusätzlich zu innerer Differenzierung auch Maßnahmen der äußeren Differenzierung in der Form von Förderunterricht oder Förderstunden einzusetzen. Gerade wenn Schülerinnen und Schüler einen sehr großen Leistungsrückstand aufweisen, sind individuelle Fördersequenzen, die für eine spezifische Diagnostik oder zum Aufarbeiten von Lerninhalten genutzt werden, oft unabdingbar.*[129]

Auch leistungsstärkere Kinder profitieren von einem zusätzlichen Lernangebot. Häufig reichen auch temporäre Angebote anstelle von langfristigen Förderungen.[130] Um Bedürfnisse nach Förderung und Forderung bestimmen zu können, ist die Erfassung des aktuellen Lernstandes der Kinder nötig. Eine entsprechende Diagnostik sollte möglichst prozessbegleitend beziehungsweise prozessorientiert sein. „Dies kann […] im Sinn des Erfassens von Lernvoraussetzungen andererseits in der Form von Lernzielkontrollen im Anschluss an die Bearbeitung eines bestimmten Inhalts geschehen."[131]

In Bezug auf schriftliche Lernstandserhebungen, die zumeist dieselben Aufgaben und Rahmenbedingungen für alle Kinder vorsehen, macht Käpnick (2016) auf den „Spagat zwischen objektiver Leistungserfassung gemäß den vorgegebenen Lehrplan- beziehungsweise individuellen Zielfestlegungen auf der einen und gleichzeitiger Beachtung spezieller Lernbedürfnisse auf der anderen Seite"[132] aufmerksam. Aufgrund der Forderung nach einem inklusiven Unterricht, an dem alle Kinder entsprechend ihres jeweiligen Leistungsniveaus teilhaben sollen, sieht er auch differenzierte Lernstanderhebungen als notwendig an und schlägt eine Differenzierung vor nach

---

[126] Vgl. ebd., S. 121.

[127] Scherer & Moser Opitz 2010, S. 197.

[128] Vgl. ebd.

[129] Ebd., S. 50.

[130] Vgl. ebd.

[131] Ebd., S. 32.

[132] Käpnick 2016, S. 148 f.

- *der Anzahl der (Teil-)Aufgaben,*
- *dem Schwierigkeitsgrad der Aufgabendaten (Zahlenraum, Rechenanforderungen usw.),*
- *der Komplexität der Aufgaben (Anzahl der Lösungsschritte, Abstraktionsgrad usw.),*
- *der Präsentationsform (Text, unterstützende Abbildungen, Existenz von Hilfsaufgaben oder Beispielen usw.),*
- *dem Grad der erforderlichen Transferleistungen,*
- *dem Anforderungsniveau beim Beschreiben oder Begründen.*[133]

Zusammenfassend lässt sich also sagen, dass inklusiver Mathematikunterricht von Differenzierung, Individualisierung, Förderung und Forderung geprägt ist, die an einen gemeinsamen Lerngegenstand gebunden sind. Dazu bedarf es seitens der Lehrkraft fachliche, didaktische und diagnostische Kompetenzen, damit sie den Unterricht so gestalten kann, dass alle Kinder daran partizipieren können. In dem nachfolgenden Kapitel wird davon ausgehend auf weitere Gestaltungsprinzipien für einen inklusiven Mathematikunterricht eingegangen, die die (natürliche) Differenzierung, die Individualisierung, die Förderung und Forderung unterstützen.

2.2.2.3 weitere Gestaltungsprinzipien und Methoden

Material- und Handlungsorientierung
Als ein wichtiges Merkmal für inklusiven Unterricht beschreibt Korff (2016) die Material- und Handlungsorientierung, die für sie „zentrale Ausgangspunkte für gemeinsames Lernen unterschiedlicher Lerner_innen"[134] bilden. In der Mathematikdidaktik existieren hinsichtlich des Materialeinsatzes viele verschiedene Begriffe, die es zu unterscheiden gilt. Scherer & Moser Opitz (2010) beziehen sich auf die Bezeichnungen von Krauthausen & Scherer, die zwischen „Anschauungsmittel" und „Veranschaulichungsmittel"[135] unterscheiden. Den Unterschied sehen sie in der Verwendung durch die Lehrkraft beziehungsweise das Kind. Demzufolge würden Veranschaulichungsmittel von Lehrkräften zur Wissensvermittlung eingesetzt werden, indem mit ihrer Hilfe „bestimmte (mathematische) Ideen und Konzepte"[136] veranschaulichen. Anschauungsmittel

---

[133] Ebd., S. 149.
[134] Korff 2016, S. 70.
[135] Krauthausen & Scherer zit. nach: Scherer & Moser Opitz 2010, S. 75.
[136] Ebd.

würden von Kindern zum Erwerben, Erweitern und Vertiefen ihres mathematischen Verständnisses genutzt[137]. „Entscheidend sind dabei nicht nur das Material selbst, sondern die (geistigen) Aktivitäten, die die Kinder damit durchführen [...], bzw. die Handlungen, die das Material ermöglicht [...]."[138] Des Weiteren führen Scherer & Moser Opitz noch die Arbeitsmittel an, welche der Anschauung und der Veranschaulichung dienen können. Unter ihnen werden Materialien verstanden, „an denen Handlungen vollzogen werden und die als Hilfsmittel zum Rechnen eingesetzt werden können."[139]

Korff macht darauf aufmerksam, dass Materialien gegebenenfalls auch im Sinne des Spiralcurriculums verwendet werden können, sie also für verschiedene Kompetenzstufen geeignet sind[140]. Entsprechend einer natürlichen Differenzierung könnten die Kinder das Material also auch auf ihrem jeweiligen Leistungsniveau einsetzen und durch den Austausch über verschiedene Bearbeitungsmöglichkeiten zu einem tieferen Verständnis für den mathematischen Gegenstand gelangen. Als wichtiger Aspekt wird zudem angeführt, dass die Kinder Handlungen der Lehrkraft am Material nicht nur nachahmen können, sondern es eigenständig erschließen sollen, sodass sie es beispielsweise „als Werkzeug nutzen können, um sich (operative) Rechenstrategien anzueignen und damit einhergehend ein Verständnis von Zahlbeziehungen aufzubauen."[141]

Darüber hinaus wird Materialien auch hinsichtlich der verschiedenen Repräsentationsebenen eine grundlegende Bedeutung zugesprochen. Dabei sei es entscheidend, dass die Kinder am Material einen Wechsel zwischen den drei Ebenen des brunerschen E(naktiv)-I(konisch)-S(ymbolisch)-Prinzips vornehmen können. Hierbei ist es wichtig, dass die Ebenen nicht hierarchisch-linear durchlaufen werden müssen, sondern dass das Material den Kindern auf allen verschiedenen Ebenen als Werkzeug zur Erschließung und Bearbeitung von mathematischen Problemen dienen kann.[142]

Werner betont bei dem Wechsel der Ebenen die Funktion der Sprache[143]. Er sieht in dem EIS-Modell ein „fach- und sprachintegriertes Interventionsmodell"[144], welches „Lern- bzw. Kommunikationsprozesse [...] initiier[t], indem

---

[137] Vgl. Scherer & Moser Opitz 2010, S. 76.
[138] Ebd.
[139] Ebd.
[140] Korff 2016, S. 70.
[141] Ebd., S. 71.
[142] Vgl. ebd.
[143] Vgl. Werner 2019, S. 56.
[144] Ebd., S. 52.

z. B. die Schüler selbst ihre Lösungswege mathematisch kodieren [...], verbalisieren [...] und ikonisieren."[145]

In Bezug auf die Material- und Handlungsorientierung wird von Käpnick (2016) außerdem betont, dass Kinder häufig erst den Umgang mit Anschauungsmitteln erlernen müssen, was einen längeren Prozess darstellen kann. Er betont, dass es nicht das eine ideale Veranschaulichungsmittel gibt, obwohl er die gleichzeitige Verwendung von mehreren Anschauungsmitteln in didaktischer Hinsicht als ungünstig beurteilt. Trotzdem ist für ihn der Einsatz von Materialien unerlässlich.[146] Neben der Materialausstattung als einer wichtigen Grundlage des inklusiven Unterrichts betont er die Notwendigkeit der Raumausstattung. Dabei fordert er die Möglichkeit zur Nutzung von zwei Räumen. Einen sieht er als Gemeinschaftsraum für das gemeinsame Lernen, den anderen als Neben- beziehungsweise Rückzugsraum als sinnvoll an. Letzter kann beispielsweise dienen für

- *Kleingruppen- und Projektarbeiten,*
- *individuelle Beratungsgespräche mit einzelnen Kindern [...],*
- *[...] ein differenzierendes Üben von Kindern, die [...] sehr lärmempfindlich sind [...] oder eine besonders intensive Hilfe benötigen,*
- *verhaltensauffällige Kinder.*[147]

Zusammenfassend lässt sich mit Korffs Worten sagen:

Die besondere Rolle, die Materialien im Mathematikunterricht einnehmen, liegt [...] im Fokus auf Strukturen, Zusammenhänge und die fundamentalen Ideen begründet sowie in der Zielsetzung, dass diese durch die Schüler_innen selbst erschlossen werden sollen [...]. Materialien nehmen, zusammen mit ihren Übersetzungen in ikonische Darstellungsweisen, über den gesamten Lernprozess einen hohen Stellenwert ein. Sie dienen sowohl zur Erarbeitung von Inhalten und der Entwicklung von Vorstellungsbildern wie auch als Basis zur Darstellung und Diskussion eigener Erkenntnisse und Lösungswege [...].[148]

Es wird deutlich, dass die Material- und Handlungsorientierung eine wichtige Rolle für die individuellen Zugänge der Kinder zu den mathematischen Inhalten, bei der Kommunikation und beim kooperativen Austausch innerhalb der Lerngruppe spielen.

---

[145] Ebd.
[146] Vgl. Käpnick 2016, S. 115.
[147] Ebd., S. 112.
[148] Korff 2016, S. 70.

Kooperation

Dass Kooperation zwischen den Kindern im Unterricht wichtig ist, wurde bereits anhand Feusers entwicklungslogischer Didaktik und Seitz inklusiver Didaktik gezeigt. Korten verweist auf unterschiedliche Verwendungsweisen des Begriffes der Kooperation. Beispielsweise verweist sie auf Naujok, die unter Kooperation jede Art von Interaktion versteht, die aufgabenbezogen ist[149]. In Anlehnung an Feuser identifiziert sie eine kooperative Tätigkeit als eine dialogisch-kommunikative Tätigkeit[150]. Aus einer sonderpädagogischen Sichtweise gerät hingegen das gegenseitige Unterstützen unter den Lernenden in den Blick[151]. Diese verschiedenen Perspektiven verbindend, entwickelt Korten den *interaktiv-kooperativen Ansatz* zum gemeinsam inklusiven Mathematiklernen, welchem ein weites Inklusionsverständnis zu Grunde liegt.

Unter dem Begriff Interaktion versteht Korten aufeinander aufbauende Handlungen von mindestens zwei Personen, welche nonverbal und verbal stattfinden können. Dabei unterscheidet sie zwischen der Kind-Lehrkraft-Interaktion und der Interaktion unter den Kindern, welche beide „eine Bedeutung für die mathematischen Lernprozesse der Kinder"[152] haben können. Kooperation ist dann eine spezifische Form der Interaktion, die vor dem Hintergrund einer Intention beziehungsweise eines Ziels stattfindet. Für Korten ist „Kooperation [...] eine zielgerichtete Art der Interaktion, die [...] aufgabenbezogen sein muss"[153]. Hierbei spielt der Austausch von Informationen eine entscheidende Rolle. Des Weiteren stellt Korten klar, dass nicht bei jeder gemeinsamen Aktivität eine aufgabenbezogene Kooperation ausgeführt werden muss, sondern eine Zusammenarbeit auch einfach nur ein gemeinsames Erledigen in räumlicher Nähe bedeuten kann. Aus diesem Grund verwendet sie den Begriff des interaktiv-kooperativen Lernens, welcher die Übergänge zwischen einer aufgabenbezogenen und zielorientierten Interaktion (Kooperation) und Phasen, in denen „zeitweise (nur) interagiert und nicht immer kooperiert wird"[154] einschließt.

Das interaktiv-kooperative Lernen wird in dreierlei Hinsicht betrachtet. Dazu gehört zum einen „[d]as interaktiv-kooperative Lernen als Unterrichtsstruktur"[155], welches an das gemeinsame Lernen anknüpft, indem im Unterricht „Lernprozesse

---

[149] Korten 2020, S. 44.
[150] Vgl. ebd., S. 44.
[151] Ebd.
[152] Ebd., S. 45.
[153] Ebd.
[154] Ebd., S. 46.
[155] Ebd.

im Wechsel von individuellen und gemeinsamen Phasen"[156] ermöglicht werden. Das mit- und voneinander Lernen durch den Austausch der Kinder kommt hier zum Tragen.[157] Darüber hinaus beschreibt Korten das „[i]nteraktiv-kooperative Lernen als gemeinsame Lernaktivität"[158]:

> *Interaktiv-kooperatives Lernen bedeutet,*
> - *dass die Kinder sich gemeinsam mit einer reichhaltigen Aufgabe auseinandersetzen und dabei möglichst aufgabenbezogen interagieren,*
> - *dass sie dabei durch Interaktionshandlungen möglichst häufig aufeinander Bezug nehmen, indem sie u. a. eigene Ideen und Entdeckungen äußern und erklären, Fragen stellen, sich gegenseitig helfen, begründen sowie Ideen anderer hinterfragen und ggf. weiterentwickeln,*
> - *dass die wechselseitige Beziehungsstruktur in der Interaktion so weit wie möglich symmetrisch ist und unter einer gemeinsamen Zielsetzung stattfindet[159]*

Der dritte Aspekt stellt das interaktiv-kooperative Lernen als Prozess dar[160]. Die Ergebnisse verschiedener Studien zum Thema Kooperation zeigten die Relevanz des Wechsels zwischen individuellen und interaktiv-kooperativen Arbeitsphasen, da

> *[e]ine Phase der individuellen Auseinandersetzung mit dem Lerngegenstand, bevor die Kinder in Interaktion treten, [...] einen ersten Zugang auf der Basis individueller Lernvoraussetzungen [ermöglicht], was wiederum bedeutsam für eine mathematisch reichhaltige Interaktion ist, die sich positiv auf mathematische Lernleistungen auswirken kann.[161]*

Des Weiteren zeigten die Ergebnisse, dass das Gelingen einer Kooperation von der Gruppenzusammenstellung abhängig sein kann und außerdem Transparenz in der methodischen Struktur besonders für schwächere Kinder von Relevanz ist. Eine methodische Struktur bei der die Kinder ermutigt werden, ihre individuellen

---

[156] Ebd.
[157] Vgl. ebd.
[158] Ebd., S. 47.
[159] Ebd.
[160] Vgl. ebd., S. 48.
[161] Ebd., S. 61.

Gedanken zu äußern und sich „an der Interaktion mit einem Partner [zu] beteiligen"[162] sei darüber hinaus für „positive Effekte bezüglich der Lernprozesse, des
Sozialverhaltens und des Selbstkonzeptes aller Beteiligten"[163] wichtig.
Es stellt sich die Frage, welche Aufgabenformate interaktiv-kooperatives
Lernen unterstützen und welche Anforderungen bei der Gestaltung eines diesbezüglichen Mathematikunterrichts bestehen. Vor diesem Hintergrund stellt Korten
die fünf Kriterien für kooperationsfördernde Aufgaben von Röhr vor:

– *Die Aufgabe soll beziehungsreich sein.*
– *Die Aufgabe soll aktiv-entdeckendes Lernen und mehrere Lösungswege ermögli-
chen.*
– *Die Aufgabe soll komplex sein.*
– *Es sollen Lösungsbeiträge auf verschiedenen Niveaus und der Einsatz unterschied-
licher Fertigkeiten und Fähigkeiten möglich sein.*
– *Die Lösung der Aufgabe wird durch die Zusammenarbeit mehrerer Schüler
erleichtert.*[164]

In Bezug auf die Heterogenität der Kinder merkt Korten an, dass vor
allem für Kinder mit dem sonderpädagogischen Förderbedarf Lernen eine
Strukturierung entweder inhaltlich zur kognitiven Entlastung oder didaktisch-
methodisch zur Unterstützung der sozialen Interaktion hilfreich sein kann.
Das Verhältnis zwischen inhaltlicher Komplexität und Struktur der Aufgaben
muss also im Gleichgewicht bleiben, damit die Teilhabe aller Kinder gewährleistet werden kann. So sollten zum Beispiel kooperative Aufgaben für Kinder
mit sonderpädagogischem Förderbedarf eine niedrige Einstiegsschwelle sowie
Material- und Handlungsorientierung vorweisen.[165]
Zusammenfassend ist zu sagen, dass eine aufgabengeleitete und zielorientierte
Kooperation der Kinder für das gemeinsame Lernen im inklusiven Mathematikunterricht eine entscheidende Rolle spielt. Dafür müssen Kooperationsformen
so in den Unterricht eingebettet werden, dass alle Kinder am Unterrichtsgeschehen teilhaben können. Dies erfordert eine besondere Aufmerksamkeit der
Lehrkraft bei der Planung und Gestaltung ihres Unterrichts. Käpnick (2016)
betont zudem, dass nicht nur eine Kooperation zwischen den Kindern beziehungsweise zwischen Kindern und Lehrkräften im Unterricht stattfinden sollte, sondern

---

[162] Ebd.
[163] Ebd.
[164] Röhr zit. nach: Korten 2020, S. 65.
[165] Vgl. ebd., S. 79.

dass multiprofessionelle Teamarbeit und Kooperationen auch mit außerschulischen Spezialisten als „Schlüssel" für einen inklusiven Unterricht angesehen werden können[166]. Dabei bestehe eine „personelle[] ‚Grundausstattung' für einen inklusiven Mathematikunterricht"[167] aus einer Fachlehrkraft, einer Förderlehrkraft, wie beispielsweise einer Sonderpädagogin oder einem Sonderpädagogen, und bestenfalls einem Lerncoach, der als Beratungslehrkraft angesehen werden kann.[168]

Aktiv-entdeckendes Lernen

Aus den bisherig vorgestellten theoretisch-didaktischen Ansätzen wurde ersichtlich, dass aktiv-entdeckendes Lernen für den inklusiven Mathematikunterricht von Bedeutung ist. Dabei werden Lehren und Lernen konstruktivistisch verstanden und dabei eigenständiges Handeln und Selbstorganisation fokussiert[169]. Scherer & Moser Opitz beziehen sich hinsichtlich des entdeckenden Lernens auf Hengartner:

> *Als Leitidee bedeutet es, dass Mathematik auf den Ebenen des Wissens und Könnens, des Verstehens und Anwendens durch aktives Tun und eigenes Erfahren wirkungsvoller gelernt wird als durch Belehrung und gelenktes Erarbeiten. Verstehen wird hier als ein individuell bestimmter Vorgang verstanden, den jedes Kind konstruktiv hervorbringt.[170]*

Auch in aktuellen Lehrplänen findet sich der konstruktivistische Ansatz zu Lehren und Lernen wieder, beispielsweise wenn von „forschend-entdeckendem Lernen"[171] oder „aktiv-entdeckendem Lernen"[172] gesprochen wird. So heißt es im gemeinsamen Rahmenlehrplan von Berlin und Brandenburg:

> *Forschend-entdeckendes Lernen ermöglicht es dabei in besonderem Maße, Fragen zu entwickeln und zu stellen, verschiedene Lern- und Lösungsstrategien zu entwickeln und anzuwenden sowie selbsttätig neue Inhalte und Zusammenhänge zu erschließen. In vielfältiger Weise werden dabei Kompetenzen erworben bzw. weiterentwickelt und mit dem Vorwissen in Beziehung gesetzt. Diese Herangehensweise an mathematische*

---

[166] Vgl. Käpnick 2016, S. 105.

[167] Ebd., S. 106.

[168] Vgl. ebd., S. 106 f.

[169] Vgl. Scherer & Moser Opitz 2010, S. 17.

[170] Hengartner zit. nach: Scherer & Moser Opitz 2010, S. 18.

[171] Berliner Senatsverwaltung für Bildung, Jugend und Familie & Ministerium für Bildung, Jugend und Sport des Landes Brandenburg 2015, S. 4.

[172] Freie und Hansestadt Hamburg. Behörde für Schule und Berufsbildung 2022, S. 4.

Fragestellungen wird genutzt, um den Lernenden Gelegenheit zu geben, Handlungs-kompetenz und ein immer tieferes Verständnis für mathematische Zusammenhänge zu erwerben.[173]

Im Hamburger Bildungsplan Grundschule wird das aktiv-entdeckende Lernen ganz ähnlich beschrieben und zusätzlich festgestellt, diese Konzeption von Lernen folge „der Einsicht in das Wesen der Mathematik in besonderer Weise", da in ihr „das Mathematiklernen durchgängig als konstruktiver, entdeckender Prozess verstanden wird."[174]

Auch für den inklusiven Mathematikunterricht gilt dementsprechend, den Unterricht so zu gestalten, dass den Kindern ein aktiv-entdeckendes beziehungsweise ein forschend-entdeckendes Mathematiklernen ermöglicht wird.

Lernumgebungen

Eine Möglichkeit, den inklusiven Anforderungen im Mathematikunterricht gerecht zu werden und alle zuvor genannten Punkte zu berücksichtigen, bietet die unterrichtliche Gestaltüng durch Lernumgebungen. Unter dem Begriff der Lernumgebung ist nach Hirt und Wälti eine größere Aufgabe zu verstehen, „die aus mehreren Teilaufgaben und Arbeitsanweisungen besteht, die basierend auf einer innermathematischen oder sachbezogenen Struktur in Verbindung stehen."[175] Dabei tritt in der Mathematikdidaktik für die inklusive Gestaltung des Unterrichts oftmals der Begriff der „substantiellen Lernumgebung"[176] auf. Eine solche basiert auf dem Prinzip der natürlichen Differenzierung und vereint verschiedene Gestaltungsprinzipien, wie das kooperative Lernen und das aktiv-entdeckende Lernen. Folgende Eigenschaften werden substantiellen Lernumgebungen laut Häsel-Weide zugeschrieben:

- *[S]ie repräsentieren zentrale Ziele, Inhalte und Prinzipien des Mathematikunterrichts.*
- *[S]ie bieten reichhaltige Möglichkeiten für mathematische Aktivitäten, so dass die mathematischen Tätigkeiten und Erkenntnisprozesse auf unterschiedlichen Ebenen aus der aktiven und produktiven Auseinandersetzung mit den Aufgaben erwachsen.*
- *[S]ie können im Sinne der natürlichen Differenzierung zum Erkunden, Darstellen und Erörtern mathematischer Zusammenhänge genutzt werden und bieten zugleich Raum für sozial-interaktive Auseinandersetzungen der Kinder untereinander [,]*

---

[173] Berliner Senatsverwaltung für Bildung, Jugend und Familie & Ministerium für Bildung, Jugend und Sport des Landes Brandenburg 2015, S. 4.

[174] Freie und Hansestadt Hamburg. Behörde für Schule und Berufsbildung 2022, S. 4 f.

[175] Scherer & Moser Opitz 2010, S. 59.

[176] Häsel-Weide 2016, S. 12.

– *[S]ie sind flexibel und können an individuelle Gegebenheiten angepasst werden, so dass individuelle Entwicklungs- und Lernverläufe realisiert werden.*[177]

Zudem merken Jütte & Lüken an, dass ein Wechsel zwischen „Phasen des gemeinsamen und individuellen Lernens im Unterricht sinnvoll"[178] ist. Falls eine natürliche Differenzierung weder durch Kooperation noch durch das Angebot einer niedrigen Eingangsschwelle erreicht werden kann, müsste gegebenenfalls auf eine Parallelisierung gemeinsamer und individueller Lernphasen zurückgegriffen werden. Zudem könnte der Einsatz einer verständlichen Sprache bei der Aufgabenstellung oder auch die Visualisierung von Arbeitsphasen das Gedächtnis entlasten und den Zugang zu mathematisch inhaltlichen Aspekten vereinfachen.[179]

Wird mit einem weiten Verständnis von Inklusion auf Lernumgebungen geblickt, dann dürfen jedoch nicht nur leistungsschwächere Kinder in den Blick genommen werden. Lernumgebungen müssen auch leistungsstärkeren Kindern gerecht werden. Wälti und Hirt (2006) sprechen dabei von sogenannten „Rampen"[180], welche Aufgaben darstellen, die von den leistungsstärkeren Kindern auf einem entsprechenden Niveau gelöst werden und im Gegensatz zu den anderen Aufgaben der Lernumgebung anspruchsvoller sind.[181]

Dürrenberger, Tschopp und das Primarschulteam Lupsingen arbeiten Kriterien für die Umsetzung von inklusiven Lernumgebungen heraus. Dabei sehen sie die Öffnung des Unterrichts als notwendig an, damit jedes Kind die Möglichkeit bekommt, sich individuell zu entfalten. Diesbezüglich weisen sie auf mögliche große Unterschiede bei den Arbeitsstufen und im Vorankommen hin. Diese Unterschiede stellen für die Autorinnen und Autoren allerdings kein Problem dar, weil trotzdem alle Kinder „im Hinblick auf die Lernziele auch übend tätig [sind] und [voran] kommen"[182]. Des Weiteren gehen Dürrenberger, Tschopp und das Primarschulteam Lupsingen auf die veränderte Rolle der Lehrkraft ein, die den Kindern als Beraterin und Unterstützerin zur Seite stehen soll. Sie sollte außerdem stets den aktuellen Lernstand aller Kinder im Blick haben, damit sie rechtzeitig in den

---

[177] Ebd., S. 12 f.

[178] Jütte & Lüken 2021, S. 38.

[179] Vgl. Häsel-Weide 2016, S. 13.

[180] Wälti & Hirt 2006, S. 20.

[181] Vgl. ebd.

[182] Dürrenberger, Tschopp, Lupsingen 2006, S. 22.

Lernprozess eingreifen kann, um Leerlauf und Demotivation zu vermeiden und gegebenenfalls Kinder mit ähnlichen Problemen zusammenbringen zu können.[183] Lernumgebungen werden vom Autorenteam in drei Phasen gegliedert, die Einführungsphase, in der bereits ein Austausch zu ersten Ergebnissen stattfinden kann und die Entdeckerneugier angeregt werden soll, gefolgt von der Übungs- und Forschungsphase und schließlich die Abschlussphase, in der „verschiedene Formen des Austauschens, Auswertens oder Präsentierens"[184] zum Tragen kommen können.[185] Zwar weisen Dürrenberger, Tschopp und das Primarschulteam Lupsingen auf Vorteile bei der Gestaltung des Mathematikunterrichts durch Lernumgebungen hin, allerdings identifizieren sie auch folgende Nachteile beziehungsweise Stolpersteine:

- *Kinder, die Mathematik hauptsächlich mit Fleiss bewältigen, sind anfangs oft überfordert.*
- *Die Lehrperson muss sich vermehrt mit mathematischen Hintergründen auseinandersetzen.*
- *Die herkömmlich stereotype Korrektur im Fach Mathematik entfällt. Vielleicht finden sich neue Wege der Rückmeldung/Beurteilung. Nicht hinter jeder einzelnen Rechnung muss eine Korrektur stehen und nicht alle Fehler müssen verbessert werden, wenn klar ist, dass die Denkwege verstanden worden sind.*
- *Einzelne Lernumgebungen sind so komplex, dass deren Bearbeitung nur im Halbklassenunterricht möglich ist.*[186]

Dennoch stellen die Autorinnen und Autoren Lernumgebungen trotz der Stolpersteine als maßgeblich für das individuelle Lernen am gemeinsamen Gegenstand dar, da sie besonders geeignet sind, der Heterogenität der Kinder gerecht zu werden[187], und außerdem verschiedene wichtige Gestaltungsprinzipien für den inklusiven Mathematikunterricht einbeziehen können.

2.2.3 Schlussfolgerungen für die vorliegende Studie

Die Literaturrecherche zum inklusiven Mathematikunterricht beziehungsweise zur inklusiven Mathematikdidaktik hat gezeigt, dass es viele verschiedene

---

[183] Vgl. ebd.
[184] Ebd.
[185] Vgl. ebd.
[186] Ebd., S. 23.
[187] Vgl. ebd.

Blickwinkel, Meinungen und Theorien darüber gibt, was einen inklusiven Mathematikunterricht ausmacht. Des Weiteren wurde erkenntlich, dass bezüglich eines inklusiven Mathematikunterrichts den Lehrkräften die entscheidende Rolle für dessen Gelingen zugeschrieben wird, da sie die Entscheidungen über die Unterrichtsgestaltung treffen. Aus diesem Grund scheint es für eine Forschung ergiebig, Lehrkräfte zu interviewen, um gegebenenfalls Spannungen zwischen Theorie und Praxis aufzeigen zu können. Es stellt sich die Frage, ob Lehrkräfte die gleichen Gestaltungsprinzipien, wie in der Literatur vorgeschlagen, oder aber ganz andere Aspekte als notwendig für einen inklusiven Mathematikunterricht erachten. Außerdem gilt es herauszufinden, ob Lehrkräfte spezifische Gestaltungsprinzipien überhaupt in ihren Mathematikunterricht inkludieren können und wenn ja, in welchem Umfang.

Ausgewählte aktuelle Forschungsarbeiten zur Gestaltung inklusiven Mathematikunterrichts

3

Wie Jütte & Lüken feststellen konnten, erfuhr der Mathematikunterricht in den letzten Jahren eine Weiterentwicklung hinsichtlich seiner Inklusivität[1]. Hierzu wurden einige Studien durchgeführt, von denen in diesem dritten Kapitel zwei vorgestellt werden, die sich mit der Frage der Gestaltung von inklusivem Mathematikunterricht auseinandersetzen und auf Erfahrungen von Lehrkräften beruhen.

Korff (2016) führte eine auf episodischen Interviews beruhende qualitative Forschung mit Lehrkräften durch, in der sie sich mit sogenannten Belief-Systemen von Lehrkräften zum inklusiven Mathematikunterricht auseinandersetzte. Ziel der Studie war es, Aspekte beziehungsweise Gelingensbedingungen eines guten inklusiven Mathematikunterrichts sowie notwendige Entwicklungsprozesse in der Weiterentwicklung von Unterrichtsdidaktik und der Professionalisierung von Lehrkräften herauszuarbeiten.[2] Korffs Studie liegt ein enges Inklusionsverständnis zugrunde, wenn sie sich auf die Heterogenitätsdimension Behinderung/Befähigung bezieht und vor allem den sonderpädagogischen Förderschwerpunkt Geistige Entwicklung in den Blick nimmt. Sie ist sich darüber bewusst, „[d]ass ein entsprechender Fokus immer auch eine Verengung des Blicks bedeutet."[3] In ihrer Untersuchung äußert sich dies „u. a. im Rahmen der Überlegungen zu einer inklusiven Mathematikdidaktik. Dort wird beispielsweise nicht

---

[1] Vgl. Jütten & Lüken 2021, S. 31.

[2] Vgl. Korff 2016, S. 115 ff.

[3] Ebd., S. 13.

N. N. Ossenkopp, *Inklusiver Mathematikunterricht aus Sicht von Lehrkräften*, Berliner Rekonstruktionen des Mathematikunterrichts, https://doi.org/10.1007/978-3-658-43477-9_3

auf Anforderungen eingegangen, die sich aus Mehrsprachigkeit oder unterschiedlichen sozio-ökonomischen Hintergründen ergeben."[4] Korff nimmt also eine kritische Reflexion des von ihr gewählten Fokus vor.

In ihrer Forschung interviewte Korff insgesamt vierzehn Lehrkräfte, wobei jeweils sieben Lehrkräfte aus einer Schule mit integrativem/inklusivem System stammten und die anderen sieben aus kooperativen Schulstrukturen. In beiden Gruppen befanden sich sowohl Lehrkräfte mit einer Grundschulpädagogikausbildung als auch Lehrkräfte mit einer sonderpädagogischen Ausbildung.[5] Die übergeordneten Themen der Interviews waren der typische Mathematikunterricht, das Verständnis von gutem Unterricht, der Umgang mit Heterogenität im Mathematikunterricht und die Möglichkeiten und Grenzen eines inklusiven Unterrichts.[6] Korffs Ziel war es, durch eine Zusammenführung theoretischer und empirischer Ergebnisse neue Erkenntnisse für die Entwicklung eines inklusiven Mathematikunterrichtes zu gewinnen[7]. Die Forschung basierte auf zwei Forschungsfragen. Die erste Frage lautete: „Welche Belief-Systeme zeigen sich bei den befragten Lehrkräften zu einem inklusiven Mathematikunterricht und seiner (Fach-)Didaktik?"[8] und die zweite Frage war: „Welche Schlussfolgerungen ergeben sich für die Entwicklung eines inklusiven Mathematikunterrichts aus Professionalisierungssicht?"[9]

Als eines der zentralen Ergebnisse kann angesehen werden, dass die Material- und Handlungsorientierung einen großen Stellenwert – Korff bezeichnet es sogar als „primäre Bedingung"[10] — für den Umgang mit Heterogenität einnimmt[11]. Des Weiteren findet sie heraus, dass „[e]in aus Sicht der Lehrkräfte wichtiger Teil des Lernens beziehungsweise Unterrichts [...] in individuellen Lernsituationen statt[findet]"[12] und ein „gemeinsame[r] Rahmen, (ein) gemeinsames Material und soziale Eingebundenheit"[13] wichtig für die Umsetzung von gemeinsamen Lernsituationen sind. Dabei wird aber kein Fokus auf inhaltlichen Austausch oder

---

[4] Ebd.
[5] Vgl. ebd., S. 117 f.
[6] Vgl. ebd., S. 115 f.
[7] Vgl. ebd., S. 227.
[8] Ebd., S. 116.
[9] Ebd.
[10] Ebd., S. 221.
[11] Vgl. ebd.
[12] Ebd.
[13] Ebd.

Lernfortschritte gelegt.[14] Des Weiteren werden von den Lehrkräften das Sachrechnen und die Geometrie als mathematische Themen benannt, bei denen sich ein gemeinsames Lernen am geeignetsten zeigt. Hinsichtlich der arithmetischen Inhalte merken die Lehrkräfte kritisch an, dass diese nicht für Material- oder Handlungsorientierung geeignet seien. Bezüglich der Grenzen und Möglichkeiten des gemeinsamen Unterrichtens konnte Korff herausfinden, dass diese von den Gemeinsamkeiten der Lerngruppe und den damit verbundenen Herausforderungen für die Lehrkraft abhängen.[15] Ein weiteres zentrales Ergebnis ist, dass der Austausch von Lehrkräften untereinander und deren Kooperation eine wichtige Rolle spielen, sowie außerdem die Bereitschaft, sich neue Inputs von außen zu holen. Durch diese Faktoren werde eine professionelle Weiterentwicklung realisiert.[16]

In Bezug auf die Entwicklung des inklusiven Mathematikunterrichts fordert Korff eine „fachlich fundierte Handlungs- und Materialorientierung"[17] und einen Fokus „auf die fundamentalen Ideen der Mathematik"[18] zu richten, sowie eine „fundierte fachdidaktische Ausbildung."[19] Zudem schlussfolgert sie, dass

[d]ie Erfahrung der strukturell verankerten Zusammengehörigkeit in einem Klassenverband und die damit verbundene ‚Akzeptanz des Nebeneinanders im gemeinsamen Unterricht' [...] eine wichtige Grundlage inklusiver Unterrichtsentwicklung [ist].[20]

Zwar beschäftigt sich Korff mit den Erfahrungen und Belief-Systemen von Lehrkräften zum inklusiven Mathematikunterricht, betrachtet diese allerdings zum Zwecke des Aufstellens von geeigneten Rahmenbedingungen für einen guten inklusiven Mathematikunterricht und dessen Weiterentwicklung. Diese erachtet sie als notwendig, damit sich stellende Herausforderungen von den Lehrkräften gemeistert werden können.

Für die vorliegende Forschung führt dies zur Notwendigkeit, genau auf das eventuell vorhandene Spannungsfeld zwischen theoretischem Rahmen zum inklusiven Mathematikunterricht und diesbezüglichen Praxiserfahrungen einzugehen, indem untersucht wird, wie es zu solchen Abweichungen kommt. Zudem

---

[14] Ebd.
[15] Vgl. ebd., S. 221 ff.
[16] Vgl. ebd., S. 261.
[17] Ebd., S. 259.
[18] Ebd.
[19] Ebd., S. 260.
[20] Ebd., S. 257.

gilt es herauszufinden, welche der Gestaltungsprinzipien, die für den inklusiven Mathematikunterricht von der Fachdidaktik herausgearbeitet wurden, von
den Lehrkräften umgesetzt werden (können) oder woran die Umsetzung gegebenenfalls scheitert. Aus Korffs Forschung kann geschlussfolgert werden, dass
die Weiterbildung von Lehrkräften für eine Weiterentwicklung ihres inklusiven Mathematikunterrichts wichtig ist. In der vorliegenden Forschungsarbeit soll
darauf eingegangen werden, was Lehrkräfte dahingehend unternehmen.

Auch Ulrike Oechsle (2019) widmete sich in ihrer Forschung der Gestaltung von inklusivem Mathematikunterricht, indem sie zum einen Interviews mit
Lehrkräften führte und zum anderen eine Videoanalyse zu gemeinsamen Lernsituationen im Mathematikunterricht tätigte. Ihre Erhebungen fanden im Schuljahr
2015/16 (Interviews) und im zweiten Schulhalbjahr von 2016/17 (Videoanalyse)
statt[21]. Oechsle gründet ihre Arbeit auf ein noch engeres Inklusionsverständnis
und setzt den Fokus auf Kinder mit sonderpädagogischem Förderbedarf, insbesondere mit dem Förderstatus Geistige Entwicklung[22]. Mit ihrer Forschung
wollte Oechsle Einblicke in den inklusiven Mathematikunterricht erhalten und
vorstellen, sowie die Überzeugungen der Lehrkräfte hinter ihren Gestaltungsprinzipien erforschen. Insgesamt interviewte sie neunzehn Lehrkräfte und führte
Videoanalysen zum Unterricht von drei Lehrkräften durch[23].

Oechsle konnte aus den Ergebnissen ihrer Forschung schlussfolgern, dass
der inklusive Mathematikunterricht eine große Herausforderung für Lehrkräfte
darstellt, da sie oftmals auf sich allein gestellt sind und die Möglichkeiten
zum Zurückgreifen auf und die Erweiterung von bereits bestehenden Konzep-
ten unzureichend sind. Es bedürfe also einer Weiterentwicklung der inklusiven
Mathematikdidaktik sowie einer Weiterbildung der Lehrkräfte. Vor allem betont
Oechsle, dass es nur wenig Vorschläge für den Umgang mit dem Förderschwerpunkt Geistige Entwicklung gibt. Zudem zeigt die Studie Problematiken
bezüglich personeller und räumlicher Ressourcen auf.[24]

Als zukünftiges Forschungsinteresse benennt Oechsle Interviewstudien mit
Lehrkräften mit einem eher kritischen Blick auf Inklusion, „[u]m ein umfas-
senderes Bild von der Gestaltung des inklusiven Mathematikunterrichts zu

---

[21] Vgl. Oechsle 2019, S. 84, S. 149.
[22] Vgl. ebd., S. 22 f.
[23] Vgl. ebd., S. 91, S. 154.
[24] Vgl. ebd., S. 224 ff.

bekommen"[25] und den Fokus auf andere Aspekte zu richten, wie „beispielsweise auf Probleme im inklusiven Mathematikunterricht."[26] Demzufolge möchte
die vorliegende Interviewstudie, der Frage nachgehen, welche Herausforderungen Lehrkräfte im inklusiven Mathematikunterricht sehen und außerdem die
Einstellungen der Lehrkräfte zur Inklusion herausarbeiten.

Sowohl Korff als auch Oechsle arbeiten mit einem engen Inklusionsverständnis, weswegen die Forscherinnen ihre Stichproben unter anderem nach dem
Kriterium des Förderschwerpunktes auswählten[27]. Da es dadurch zu einer Ver-
engung auf gewisse Aspekte bei der Gestaltung des Unterrichts kommen kann,
ist es für die vorliegende Studie wichtig, dass die teilnehmenden Lehrkräfte
bezüglich des Inklusionsverständnisses ohne bereits erfolgte Fokussierung auf ein
Heterogenitätsmerkmal ausgewählt werden. Vielmehr gilt es dann im Verlauf der
Studie herauszufinden, welches Verständnis von Inklusion bei den verschiedenen
Lehrkräften jeweils vorliegt. Des Weiteren sprechen beide Autorinnen von der
Notwendigkeit von Weiterbildungen der Lehrkräfte. Aus diesem Grund ist es für
die aktuelle Untersuchung von Bedeutung, welche diesbezüglichen Erfahrungen
durch die teilnehmenden Lehrkräfte gemacht wurden.

---

[25] Ebd., S. 227.
[26] Ebd.
[27] Vgl. Korff 2016, S. 117; Oechsle 2019, S. 88 ff.

Empirische Studie zur Gestaltung inklusiven Mathematikunterrichts

4.1 Forschungsdesign

Im Folgenden wird das Design der Studie erläutert und die verschiedenen angewandten Methoden ausführlich beschrieben. Außerdem werden die Auswahl und die Relevanz der Methoden für die vorliegende Studie begründet.

4.1.1 Ziel der Forschung

Ein Ziel dieser Forschungsarbeit ist es, sich der Unterrichtsrealität im Fach Mathematik an Grundschulen anzunähern, damit Aspekte, die Spannung zwischen Theorie und Praxis eines inklusiven Mathematikunterrichts erzeugen, herausgestellt werden können. Die Studie fokussiert sich vor allem auf die Perspektive der handelnden Akteure (der Lehrkräfte), ihre Empfindungen, Meinungen und Handlungsweisen. Dabei soll den Fragen nachgegangen werden, wie Lehrkräfte ihren Mathematikunterricht inklusiv gestalten, welche Herausforderungen sie dabei identifizieren und was sie unternehmen, um ihren Mathematikunterricht inklusiv zu gestalten. Ziel ist es herauszufinden, ob die vorgestellten didaktischen, methodischen und konzeptionellen Theorien umgesetzt werden oder überhaupt als umsetzbar erachtet werden.

Ergänzende Information Die elektronische Version dieses Kapitels enthält Zusatzmaterial, auf das über folgenden Link zugegriffen werden kann https://doi.org/10.1007/978-3-658-43477-9_4.

4.1.2 Forschungsfragen

Aus dem theoretischen Hintergrund, dem aktuellen Forschungsstand, der Begründung für das Forschungsvorhaben und dem Ziel der Forschung leiten sich die folgenden vier Forschungsfragen ab:

1. Was verstehen Lehrkräfte unter Inklusion?
2. Wie positionieren sich Lehrkräfte gegenüber einem inklusiven Mathematikunterricht?
3. Welche Herausforderungen identifizieren Lehrkräfte im inklusiven Mathematikunterricht?
4. Was unternehmen Lehrkräfte, um den Mathematikunterricht inklusiv gestalten zu können?

4.1.3 Aufbau und Ablauf der Untersuchung

In der vorliegenden Forschungsarbeit soll ein Abbild von Realitäten und Empfindungen, Handlungsweisen und Meinungen von Grundschullehrkräften dargestellt werden. Hinsichtlich dieser Aspekte erschien es folgerichtig, die Untersuchung als qualitative Forschung anzulegen. Flick, von Kardorff und Steinke (2019) beschreiben das Wesen qualitativer Forschung folgendermaßen:

Qualitative Forschung hat den Anspruch, Lebenswelten ‚von innen heraus‘ aus der Sicht der handelnden Menschen zu beschreiben. Damit will sie zu einem besseren Verständnis sozialer Wirklichkeit(en) beitragen und auf Abläufe, Deutungsmuster und Strukturmerkmale aufmerksam machen. Diese bleiben Nichtmitgliedern verschlossen, sind aber auch in der Selbstverständlichkeit des Alltags befangenen Akteuren selbst in der Regel nicht bewusst. Mit ihren genauen und ‚dichten‘ Beschreibungen bildet qualitative Forschung weder Wirklichkeit einfach ab, noch pflegt sie einen Exotismus um seiner selbst willen. Vielmehr nutzt sie das Fremde oder von der Norm Abweichende und das Unerwartete als Erkenntnisquelle und Spiegel, der in seiner Reflexion das Unbekannte im Bekannten und Bekanntes im Unbekannten als Differenz wahrnehmbar macht und damit erweiterte Möglichkeiten von (Selbst-)Erkenntnis eröffnet.[1]

Um das Forschungsziel erreichen und die Forschungsfragen beantworten zu können, erschien nicht das Erheben einer großen Anzahl an Daten sinnvoll, wie es

---

[1] Flick, Kardorff & Steinke 2019, S. 14.

in der quantitativen Forschung beispielsweise mittels standardisierter Fragebögen mit festen Antwortmöglichkeiten geschieht[2], sondern eine Vorgehensweise, mit deren Hilfe ein „konkreteres und plastischeres Bild"[3] erzeugt werden kann. Hierfür wurden vier Interviews mit vier Grundschullehrkräften geführt, wovon zwei eine sonderpädagogische Ausbildung besitzen. Die Interviews fanden im Zeitraum von Ende Juni bis Anfang Oktober 2021 statt. Durch die offene Gestaltung der Interviews variierte die Interviewzeit zwischen 16 und 51 Minuten. Um den Fokus während der Interviews auf die Lehrkräfte und deren Aussagen legen zu können, ohne von Mitschriften abgelenkt zu werden, wurden die Interviews mit Einverständnis der Interviewten durch ein Aufnahmegerät auditiv festgehalten. Des Weiteren erhielten die Interviewten vorab einen Fragebogen, der sich auf grundlegende Fakten, wie beispielsweise das Alter, die Berufserfahrungen und den Ausbildungsstand, bezog. Bei den Interviews handelt es sich um Experteninterviews, denen zum Zwecke der Vergleichbarkeit ein Interviewleitfaden zugrunde gelegt wurde. Auf die Methode der Experteninterviews und den Interviewleitfaden wird in den beiden Abschnitt 4.1.4 und 4.1.5 genauer eingegangen. Die aufgenommenen Interviews wurden mithilfe des Programmes MAXQDA transkribiert und nach den Auswertungstechniken von Schmidt (2013) zu Leitfadeninterviews codiert. Die Methode der Auswertung wird im Abschnitt 4.1.7 dargestellt.

4.1.4 Durchführungsmethode

Um sich den Realitäten praktischen Umgangs mit Inklusion im Fach Mathematik in den jeweiligen Grundschulen zu nähern, erwiesen sich leitfadengestützte Experteninterviews mit Grundschullehrkräften, die das Fach Mathematik unterrichten, als geeignete Methode zur Datenerhebung. Experteninterviews werden in der Regel dann eingesetzt, wenn das Forschungsinteresse „stärker informationsbezogen auf die Erhebung von praxis- und erfahrungsbezogenem, technischem Wissen ausgerichtet"[4] ist. Beispielsweise fragt die pädagogische Forschung nach Entscheidungsmaximen, Erfahrungswissen und Faustregeln aus der alltäglichen Handlungsroutine, nach aus Projekten gewonnenem Wissen und Kenntnissen über

---

[2] Vgl. ebd., S. 25.
[3] Ebd.
[4] Helfferich 2019, S. 682.

problematische Bedingungen[5]. Somit kann also gesagt werden, dass „Experteninterviews [...] über das besondere Forschungsinteresse an Expertenwissen als
besondere Art von Wissen bestimmt"[6] sind.

Wichtig dabei ist die Auswahl von geeigneten Interviewpartnerinnen und Inter-
viewpartnern. Über die Frage, welche Personen als Expertinnen und Experten
gelten und welche Rolle der sozial zugeschriebene Status dabei einnimmt, wird
diskutiert.[7] Przyborski und Wohlrab-Sahr resümieren, dass als Experte Personen
bezeichnet werden können, „die über ein spezifisches Rollenwissen verfügen,
solches zugeschrieben bekommen und eine darauf basierende Kompetenz für
sich selbst in Anspruch nehmen"[8]. Experteninterviews zielen darauf, diesen Wis-
sensvorsprung zu rekonstruieren und zugänglich zu machen. Dies bedeutet, dass
davon ausgegangen wird, dass die ausgewählte Person über „ein Wissen verfügt,
das sie zwar nicht alleine besitzt, das aber doch nicht jedermann bzw. jederfrau
in dem interessierenden Handlungsfeld zugänglich ist."[9] Dabei kann das Wissen
des Experten, welches auch als „Rollenwissen"[10] bezeichnet wird, zwischen Insi-
derwissen, Deutungswissen, Wissen über Hintergründe und Kontexte, implizitem
Wissen oder auch dem gesammelten Wissen aus Erfahrungen variieren[11].

Meuser und Nagel (2013) greifen zudem noch die Unterscheidung zwischen
Expertin/Experte, Laie und Spezialistin/Spezialist auf. Dabei gehen sie auf die
Aussage von Hitzler, Honer und Maeder ein, dass eine Expertin oder ein Experte
eine „institutionalisierte Kompetenz zur Konstruktion von Wirklichkeit"[12] besitzt.
Das Wissen der Expertin oder des Experten, so führen Meuser und Nagel unter
Verweis auf Sprondel weiter aus, unterscheidet sich vom Wissen des spezialisier-
ten Laien, der auch über ein Sonderwissen verfügen kann, in seiner beruflichen
Relevanz für die Trägerin oder den Träger[13]. Mit Hitzler trennen sie darüber
hinaus das Wissen der Expertin oder des Experten vom Sonderwissen der (ein-
fachen) Spezialistin oder dem Spezialisten dahingehend, dass die Expertin oder
der Experte überwiegend selbstbestimmt bzw. autonom handeln kann[14] und somit

---

[5] Vgl. Meuser & Nagel 2013, S. 457.
[6] Helfferich 2019, S. 670.
[7] Ebd., S. 681.
[8] Przyborski & Wohlrab-Sahr zit. nach: Helfferich 2019, S. 681.
[9] Meuser & Nagel 2013, S. 461.
[10] Helfferich 2019, S. 681.
[11] Ebd.
[12] Hitzler, Honer, Maeder zit. nach: Meuser & Nagel 2013, S. 461.
[13] Meuser & Nagel 2013, S. 462.
[14] Ebd., S. 463.

„auf die gesellschaftliche Konstruktion von Wirklichkeit"[15] einwirken kann. Auf dieser Grundlage können die für die vorliegende Untersuchung interviewten Mathematikgrundschullehrkräfte als Expertinnen und Experten bezeichnet werden, da sie über ein Sonderwissen verfügen, welches sie durch ihre berufliche Tätigkeit erlangt haben und das für diese relevant ist. Des Weiteren hat sich die Auswahl von Lehrkräften, die schon längere Zeit in ihrem Beruf tätig sind, als sinnvoll erwiesen, da diese durch ihre jahrelangen Erfahrungen über ein tieferes Wissen verfügen, welches an ihren Erfahrungen anknüpft und entlang von Handlungsroutinen häufig als implizites Wissen auszumachen ist. Das Wissen der Lehrkräfte bezieht sich auf das Unterrichten des Fachs Mathematik, den Umgang mit Inklusion sowie Prozesse und Handlungsabläufe in den Grundschulen.

Um dieses spezifische Wissen der Lehrkräfte mit Hilfe von Interviews herauszuarbeiten, eignete sich das Verwenden eines Interviewleitfadens. Das Ziel von leitfadenbasierten Experteninterviews ist es,

> *Gesprächssituationen herzustellen, in denen wir Schilderungen und Erzählungen von ExpertInnen hervorrufen, in denen sie Informationen preisgeben oder deutungsbasierte Aussagen und Bewertungen treffen, und zwar fokussiert auf definierte Themen, wie sie für die Forschungsfragestellung relevant sind.*[16]

Zudem betonen Meuser und Nagel (2013), dass ohne eine Vorstrukturierung des Interviews die Gefahr besteht, sich als inkompetenter Gesprächspartner zu erweisen, was unbedingt zu vermeiden sei[17]. Aus diesen Gründen war es bei der Erstellung des Interviewleitfadens wichtig, dem Prinzip „So offen wie möglich, so strukturiert wie nötig"[18] zu folgen. Die Offenheit basierte darauf, den Interviewten Raum zu gewähren, „sich so frei wie möglich zu äußern"[19]. Dies wurde durch das Formulieren von offenen Fragen und Erzählaufforderungen realisiert, welche sich auf das Forschungsinteresse bezogen. Bei der Formulierung und Auswahl der Fragen war es zudem wichtig, dass die Fragen keiner Abfrage von Informationen glichen, die aus anderen Quellen gewonnen werden könnten. In einem solchen Fall könnte die Expertin oder der Experte ihrer/seiner wertvollen Zeit beraubt und nicht in ihrer/seiner Rolle respektiert fühlen.[20] Laut Meuser & Nagel sollten die Interviewfragen „so gestellt werden, dass sie, angezeigt durch

---

[15] Ebd. S. 462.
[16] Bogner, Littig & Menz 2014, S. 33.
[17] Vgl. Meuser & Nagel 2013, S. 464.
[18] Helfferich 2019, S. 670.
[19] Ebd., S. 676.
[20] Vgl. ebd., S. 682.

die Art der Formulierung, auf überpersönliches, institutions- bzw. funktionsbezo-
genes Wissen zielen"[21]. Da das implizite Wissen der Lehrkräfte im Vordergrund
des Forschungsinteresse steht, war dieser Aspekt besonders relevant.

Die offene Anlage der Interviews zeigte sich unter anderem in der nicht festgelegten Reihenfolge der Interviewfragen, was durch „eine flexible, unbürokratische
Handhabung des Leitfadens"[22] realisiert wurde. Die Halbstrukturierung barg die
Möglichkeit, dem Interviewten Vertiefungsfragen zu stellen oder Fragen neu zu
formulieren[23]. Da allen Interviewten die Gesamtheit der Fragen des Leitfadens
gestellt wurden, ist eine Vergleichbarkeit der einzelnen Interviews gewährleistet[24]. Im folgenden Kapitel wird nun auf den erstellten Interviewleitfaden
eingegangen.

4.1.5 Interviewleitfaden

Den Forschungs- und den Interviewfragen werden jeweils verschiedene Bedeutungen zugeschrieben. Laut Bogner et al. (2014) sind Forschungsfragen „formuliert in Hinblick auf theoretische Annahmen und Überlegungen"[25], während
sich Interviewfragen „in Hinblick auf den Wissens- und Erfahrungshorizont der
Befragten"[26] auszeichnen. Aus diesem Grund können Forschungsfragen nicht
einfach in taugliche Interviewfragen übersetzt werden, sondern es müssen Interviewfragen formuliert werden, die in dichtem thematischen Zusammenhang zu
den Forschungsfragen stehen und dazu geeignete Gesprächsimpulse bieten[27].

Für die durchgeführte Forschung wurden insgesamt elf Interviewleitfragen formuliert. Diese wurden durch zusätzliche Fragen oder Vertiefungsfragen, die sich
aus dem Gespräch mit der Lehrkraft als sinnvoll erwiesen, ergänzt. Die Fragen
wurden den Lehrkräften so gestellt, dass ein natürlicher Gesprächsverlauf erzeugt

---

[21] Meuser & Nagel 2013, S. 465.

[22] Ebd., S. 465.

[23] Vgl. Berge 2020, S. 287 f.

[24] Helfferich 2019, S. 675.

[25] Bogner et al. 2014, S. 33 f.

[26] Ebd., S. 34.

[27] Vgl. ebd., S. 33.

wurde. Dies bedeutete, die Fragen nicht der Reihe nach abzuarbeiten, sondern passend zum jeweiligen Gesprächsverlauf zu stellen.

In der nachfolgenden Tabelle 4.1 werden die elf Interviewleitfragen den Forschungsfragen zugeordnet. Dabei ist anzumerken, dass die Interviewleitfragen teilweise auch mehreren Forschungsfragen zugeordnet werden könnten. Ein Beispiel für eine Zusatzfrage ist, wie das Unterrichten mit geteilter Klassenstärke während der Corona-Pandemie empfunden wurde.

4.1.6 Sample

Das Sample für das Forschungsvorhaben bestand aus vier Grundschullehrkräften, die sich freiwillig zu einem Interview bereit erklärt hatten. Die Auswahl der Lehrkräfte erfolgte entsprechend den folgenden Kriterien: Zum einen sollten die Lehrkräfte alle aktuell das Fach Mathematik in der Grundschule unterrichten und eine Berufserfahrung von mindestens fünf Jahren aufweisen; zum anderen sollten sowohl Sonderpädagoginnen und Sonderpädagogen als auch Grundschullehrerinnen und -lehrer ohne sonderpädagogische Ausbildung an der Studie teilnehmen, um diesbezüglich gegebenenfalls Unterschiede im Umgang mit Inklusion und

Tabelle 4.1 Thematische Zuordnung der Interviewleitfragen zu den Forschungsfragen

Forschungsfrage	Interviewleitfrage
1.Was verstehen Lehrkräfte unter Inklusion?	• Was ist es in Ihrer Klasse beziehungsweise in Ihren Klassen, wodurch ein inklusives Setting in Ihrem Mathematikunterricht entsteht? • Haben Sie schon einmal in Klassen Mathematik unterrichtet, in denen Sie den Unterricht nicht inklusiv gestalten mussten?
2.Wie positionieren sich Lehrkräfte gegenüber dem inklusiven Mathematikunterricht?	• Welche Chancen sehen Sie im inklusiven Mathematikunterricht? • Welche Risiken sehen Sie im inklusiven Mathematikunterricht?
3.Welche Herausforderungen identifizieren Lehrkräfte im inklusiven Mathematikunterricht?	• Wenn Sie auf Ihren Mathematikunterricht blicken und auch zurückblicken, gab es Sachen, die Ihnen das inklusive Unterrichten erschwert haben? Wenn ja, was hat Ihnen das Unterrichten erschwert?

(Fortsetzung)

Tabelle 4.1 (Fortsetzung)

Forschungsfrage	Interviewleitfrage
4.Was unternehmen Lehrkräfte, um den Mathematikunterricht inklusiv gestalten zu können?	• Wie gestalten Sie Ihren Mathematikunterricht, um der Inklusion gerecht zu werden? • Stellen Sie sich vor, sie würden eine inklusive Sternstunde im Fach Mathematik durchführen. Wie würde diese Sternstunde aussehen? • Was ist oder wäre für Sie also notwendig, um Ihren Mathematikunterricht inklusiv gestalten zu können? • Wie sammeln Sie Anregungen beziehungsweise Ideen für das inklusive Gestalten Ihres Mathematikunterrichts? • Wie planen Sie Ihren Mathematikunterricht? Wie gehen Sie bei der Planung vor? • Wenn ich bei Ihnen im Mathematikunterricht hospitieren würde, wie würde ich eine alltägliche inklusive Mathematikstunde erleben?

in den Einstellungen rekonstruieren zu können. Ein weiterer Unterschied, der sich zwischen den Lehrkräften zwar zufällig ergab, sich für die Analyse aber als gewinnbringend erwies, war das vorhandene oder nicht vorhandene Studium der Mathematik. Die Lehrkräfte stammten aus zwei verschiedenen Grundschulen, wobei die eine Schule eine Grundschule ohne inklusiven Schwerpunkt (Regelschule) und die andere Schule eine inklusive Schwerpunktschule ist. Auch dieser Aspekt wurde bewusst gewählt, um gegebenenfalls vorhandene Differenzen zwischen den Lehrkräften verschiedener Schultypen herausstellen zu können.

Um die Anonymität der Lehrkräfte zu wahren, durften diese sich vorab einen anonymen Namen auswählen, der im Rahmen der Masterarbeit verwendet wird. In der folgenden Tabelle 4.2 werden die interviewten Lehrkräfte überblicksartig vorgestellt:

4.1.7 Auswertungsmethoden

Die Audioaufnahmen der Interviews wurden mithilfe des Programmes MAXQDA transkribiert. Auch wurden Pausen und Laute der Interviewten, während sie überlegten, wie beispielsweise „ähm", verzeichnet. Die wortgetreue Transkription war für das Forschungsvorhaben wichtig, da so die Aussagen der Lehrkräfte genau analysiert und ausgewertet werden konnten.

Tabelle 4.2 Daten zu den interviewten Lehrkräften

Anonymer Name	Frau Baffi	Herr Smith	Frau Csiga	Frau Avarra
Alter	50–60	30–40	40–50	40–50
Als Lehrkraft tätig seit	ca. 30 Jahren	7,5 Jahren	13 Jahren (2008)	11 Jahren
Aktuell unterrichtete Klassenstufe in Mathematik	2. Klasse	6. Klasse	4. und 6. Klasse	3. Klasse
Bisher unterrichtete Klassenstufen in Mathematik	1. und 2. Klassenstufe	3.–6. Klassenstufe	1.–6. Klassenstufe	1.–6. Klassenstufe
Studium des Fachs Mathematik	Nein	Ja	Ja	Nein
Sonderpädagogische Ausbildung	Ja	Nein	Ja	Nein
Grundschule	Inklusive Schwerpunktschule	Regelschule	Inklusive Schwerpunktschule	Regelschule

Ausgewertet wurden die Interviews mit einem Verfahren nach Schmidt (2013), das sich durch eine auf die Arbeit mit Leitfadeninterviews zielende Anlage, eine recht offene Gestaltung und eine inhaltsanalytische Verfahrensweise auszeichnet, die eine Zusammensetzung aus ‚hermeneutisch-interpretierender‘ und ‚empirischerklärender‘ Inhaltsanalyse darstellt[28]. Diese Auswertungsmethode eignete sich . für das Forschungsvorhaben, da durch die enge Arbeit am Transkript der Interviews, die damit verbundene Aufschlüsselung, die Interpretationen der Aussagen und die Einordnung dieser in Kategorien eine Vergleichbarkeit der Interviews ermöglicht, Gemeinsamkeiten und Unterschiede sichtbar und Kernaussagen extrahierbar wurden. Insgesamt besteht die Auswertungsmethode aus den folgenden fünf Schritten, die im Nachhinein kurz erläutert werden:

1. *Entwickeln von Auswertungskategorien am Material*
2. *Erstellen eines Auswertungsleitfadens*
3. *Kodierung des Materials*
4. *Quantifizierende Materialübersichten*
5. *Vertiefende Fallinterpretation*[29]

---

[28] Vgl. Schmidt 2013, S. 473.
[29] Vgl. ebd., S. 475 ff.

Unter dem Begriff der ,Auswertungskategorien' kann die thematische Zusammenfassung und Ordnung des Materials nach bestimmten Aspekten verstanden werden[30]. Durch eine intensive Auseinandersetzung mit den Interviews werden Äußerungen der Interviewten nach wiederkehrenden Themen untersucht und Oberbegriffe für diese gefunden. Diesen wird im nächsten Schritt eine Beschreibung hinzugefügt, die in einem Auswertungsleitfaden festgehalten wird. Mithilfe des Auswertungsleitfadens findet sodann die Kodierung der Interviewtranskripte statt. Diesen Schritt der Auswertung fasst Schmidt mit dem folgenden Satz zusammen:

Der folgende dritte Auswertungsschritt – das Kodieren – lässt sich kurz charakterisieren als Einschätzung und Klassifizierung einzelner Fälle unter Verwendung eines Auswertungsfadens.[31]

Während des Kodierens betont Schmidt die Wichtigkeit, die verschiedenen gewonnenen Kategorien unabhängig voneinander, also einzeln, zu kodieren[32]. Das Kodieren lässt sich als Zuweisung von Aussagen der Interviewten zu den entwickelten Kategorien verstehen. Des Weiteren sollen zu den einzelnen Kategorien unterschiedliche Ausprägungen formuliert werden. Wenn unterschiedliche Passagen des Interviews dieselbe Kategorie betreffen, soll der gesamte Aussagegehalt herausgearbeitet werden und einer Ausprägung zugeordnet werden.[33]

Das Erstellen von Ausprägungen wurde bei der Auswertung der Interviews der vorliegenden Studie weggelassen, da keine Abstufungen in den Aussagen der Lehrkräfte erkennbar waren. Es wurden aber Positionierungen gekennzeichnet, beispielsweise mit den Unterkategorien „zufrieden" oder „unzufrieden".

Schmidts vierter Schritt enthält das Anfertigen von Darstellungen, wie beispielsweise Tabellen, um Häufigkeitsangaben zu veranschaulichen und „eine Übersicht über die kodierten Fälle"[34] zu zeigen. Diese Tabellen sind im elektronischen Zusatzmaterial einsehbar. In dem letzten Schritt der Inhaltsanalyse werden einzelne Aussagen der Interviewten unter einer bestimmten Fragestellung beleuchtet, wodurch gegebenenfalls Hypothesen überprüft, verändert oder neue Hypothesen aufgestellt werden können[35].

---

[30] Vgl. ebd., S. 474.
[31] Ebd., S. 477.
[32] Vgl. ebd., S. 479.
[33] Vgl. ebd., S. 478.
[34] Ebd., S. 481.
[35] Vgl. ebd., S. 482 f.

Die Auswertung der dieser Arbeit zugrunde liegenden transkribierten Interviews erfolgte nach den fünf vorgestellten Schritten von Schmidt. Die Auswertung wurde nur durch die Autorin, die das Forschungsprojekt durchführte, vorgenommen. Aus diesem Grund können gegebenenfalls vorgenommene Kodierungen, trotz des Versuchs der objektiven Betrachtung, subjektive Wahrnehmungen darstellen, die von Außenstehenden anders beurteilt würden. Damit die in Abschnitt 4.2 folgende Auswertung der Ergebnisse nachvollziehbarer ist, wird zunächst der entwickelte Auswertungsleitfaden vorgestellt, in dem die verschiedenen Kategorien aufgeführt werden.

Anknüpfend an den Forschungsfragen wurden die drei Oberkategorien „Inklusionsverständnis", „Herausforderungen" und „Bewältigungsstrategien" formuliert. Die Unterkategorien bildeten sich durch die herausgearbeiteten Aspekte des theoretischen Rahmens und wurden durch Aussagen der Lehrkräfte ergänzt. Die Aussagen der Lehrkräfte wurden dann den einzelnen Unterkategorien zugeordnet. Konnten sie keiner der Unterkategorien zugeordnet werden, wurden sie einer Oberkategorie zugeordnet (Tabelle 4.3).

Tabelle 4.3 Tabellarische Darstellung des Auswertungsleitfadens

Inklusions-verständnis		Weites Inklusionsverständnis	
		Enges Inklusionsverständnis	
		Positionierung	Positiv
			Kritisch
Herausforderungen	Innerhalb des Unterrichts	Leistungsbewertung	Klassenarbeiten
		Mathematische Themen	Räumliche Wahrnehmung
			Nach Kompetenzstufen/ Jahrgangsstufe
			Arithmetik
		Organisation von Lernsettings	Einzelsetting mit Lehrkraft
			Homogene Lerngruppe
			Heterogene Lerngruppe
			Kleingruppen
			Separate Förderstunden
		Differenzierung	
		Lernzeit	Intensive Nutzung
			Förderung durch Lehrkraft
		Heterogenitätsspanne	
		Schulleben	
		Zeit der Lehrkraft	
	Rahmenbedingungen	Beschlüsse vom Senat/Politik	Diagnoseverfahren
			Zielgleiches Unterrichten
		Ausstattung	(Fach-)Räume, zusätzliche Räume
			Materialien | Transparenz
			| Eigeninitiative
		Wissensstand	Unzureichende Ausbildung
			Geringer Forschungsstand
		Zeit	Stundenanzahl der Lehrkraft
			Anderweitige schulische Aufgaben
		Klassenzusammensetzung	
		Klassenstärke	

(Fortsetzung)

Tabelle 4.3 (Fortsetzung)

		Klassenstärke		
		Personal	Zusätzliche Lehrkraft	
			Feste Kooperationsteams	
		Wertschätzung/Anerkennung		
		Positiver Umgang mit Fehlern		
		Überblick über Leistungs-/Kompetenzstand		
		Feedback/Rücksprache		
		Offene Unterrichtsgestaltung		
		Lernsettings	Einzelarbeit	
			(Klein-) Gruppenarbeit	Homogene Lerngruppen
				Heterogene Lerngruppen
			Phasen im Plenum	
Bewältigungsstrategien	Gestaltungsprinzipien	Kooperation		
		Differenzierung	Zielgleiches Lernen	
			Zieldifferentes Lernen	
			Innere Differenzierung	Gelenkt durch Lehrkraft
				Natürliche Differenzierung
			Forderung	Zusätzliches Material
				Außerhalb des Unterrichts
				Bedingt durch natürliche Differenzierung
			Förderung	Außerhalb des Unterrichts
				Innerhalb des Unterrichts
		Orientierung am Kind		

(Fortsetzung)

Tabelle 4.3 (Fortsetzung)

		Material- & Handlungsorientierung	EIS-Prinzip	Enaktiv
				Ikonisch
				Symbolisch
				Transfer
			Anschauungsmittel/ Veranschaulichungsmittel	
		Inklusives Lehrwerk		
		Struktur		
		Transparenz		
		Potenzialorientierung		
		Aktiv-entdeckendes Lernen		
Aus- & Weiterbildung		Literatur		
		Montessori-Ausbildung		
		Verlage		
		Supervisionen		
		Kooperation/ Austausch	Kollegium	
			Sonder-pädagogen	Nicht hilfreich
				hilfreich
		Fortbildungen	Neue Wissensaneignung	Ja
				Nein
			Zufriedenheit	Zufrieden
				unzufrieden

4.2   Auswertung

Durch die Interviews mit den Lehrkräften können die vier aufgestellten Forschungsfragen beantwortet werden. Dabei werden die erste und die zweite
Forschungsfrage gemeinsam ausgewertet, da sich diese beiden Forschungsfragen auf die Haltung zu Inklusion beziehen; die beiden anderen Forschungsfragen
werden getrennt voneinander ausgewertet.

4.2.1   Ergebnisse zur ersten und zweiten Forschungsfrage

Aufgrund des unterschiedlichen Verständnisses von Inklusion und der damit einhergehenden unterschiedlichen Auffassung von Heterogenität war es von Relevanz herauszufinden, welches Inklusionsverständnis die jeweiligen interviewten Lehrkräfte besitzen und wie sie sich gegenüber Inklusion positionieren.

Die Auswertung der Interviews lieferte nicht immer eindeutige Ergebnisse, da sich in den Aussagen einzelner Lehrkräfte verschiedene Inklusionsverständnisse zeigten. So spricht beispielsweise Herr Smith bei der Frage, was seine Klasse inklusiv mache, von Kindern mit Förderbedarf. Auch in seinen weiteren Ausführungen bezieht er sich auf Förderbedarfe, spricht aber gleichzeitig davon, dass die Vielfalt der Kinder sich gegenseitig befruchte und eine Bereicherung darstelle. Auch seiner eigenen Begriffserklärung zu Inklusion „Mm, naja also ähm inklusiv heißt ja, dass man die ähm sag ich mal die Schüler, die Hilfestellungen benötigen einbindet"[36] lässt sich nicht eindeutig einem engen oder einem weiten Inklusionsverständnis zuordnen. Die Heterogenitätsdimensionen, die Hilfestellungen nötig machen, werden nicht benannt.

Auch bei Frau Csiga ist es schwer zu sagen, welches Inklusionsverständnis ihren Ausführungen zugrunde liegt. Auf die Frage, was ihre Klasse inklusiv mache, nennt sie zunächst die Förderschwerpunkte mancher Kinder, was einem Verständnis gemäß einer Zwei-Gruppen-Theorie entspräche. Allerdings verweist sie später noch auf andere Heterogenitätsdimensionen, wie z. B. die nicht-deutsche-Herkunftssprache und Dyskalkulie. Allerdings äußert sie in diesem Zuge auch: „Da sitzen natürlich nicht nur die inklusiven, also so die Kinder mit Förderbedarf"[37], was zum Ausdruck bringt, dass es eigentlich hinsichtlich der Inklusion nur um die Kinder mit Förderbedarf gehe.

Bei Frau Baffi und Frau Averra kann hingegen von einem weiten Inklusionsverständnis ausgegangen werden, da sie in ihren Äußerungen verschiedene Merkmale von Kindern nennen, die sich nicht allein auf einen sonderpädagogischen Förderstatus beziehen. Allerdings nehmen die beiden vor allem auf die Heterogenitätsdimension der Leistung Bezug und unterscheiden dementsprechend leistungsstarke (bei Frau Baffi sind das ihre „Schlaubis"[38]) und leistungsschwache Schülerinnen und Schüler.

Als schwierig erwies es sich, aus den Interviews herauszuarbeiten, wie die Lehrkräfte sich gegenüber Inklusion positionieren, da positive und kritische

---

[36] Kodiertes Interviewtranskript Smith, Pos. 23.

[37] Kodiertes Interviewtranskript Csiga, Pos. 68.

[38] Kodiertes Interviewtranskipt Baffi, Pos. 19.

Gesichtspunkte gleichermaßen Gewichtung fanden. Beispielsweise betont Herr Smith hinsichtlich von Vielfalt vor allem das Voneinander-Lernen als Bereicherung für alle Kinder. Jedoch weist er auch darauf hin, dass beispielsweise „gerade verhaltensauffällige Schüler [...] schon sehr viel Aufmerksamkeit [fordern] und das ist dann mitunter Aufmerksamkeit, die am anderen Ende fehlt."[39]

Auch Frau Averra zeigt sich zwiegespalten. Sie betrachtet auf der einen Seite aufgrund der „spartanisch[en]"[40] materiellen und personellen schulischen Ressourcen „den inklusiven Unterricht sehr kritisch"[41], sieht darin aber für Kinder mit dem Förderstatus Geistige Entwicklung einen Vorteil, indem diese durch die Möglichkeit des Besuchs einer Regelschule einen höheren fachlichen Kompetenzzuwachs erhalten könnten. Weitere Aussagen belegen wiederum Frau Averras kritische Haltung gegenüber Inklusion, zumal sie auf die Frage nach den Chancen des inklusiven Mathematikunterrichts spontan mit „Die Chancen für einen Nervenzusammenbruch des Lehrers"[42] antwortet. Aus der Analyse ihres Interviews wird deutlich, dass diese kritische Haltung vor allem aus dem nicht realisierten Unterstützungsbedarf, sei es materiell oder personell, und aus Beschlüssen der Politik resultiert. Auch weist sie auf die Gefahr einer möglichen Demotivierung der Kinder hin, wenn diese merken, dass sie nicht weiterkommen oder sich hingegen zu sehr auf ihrem Status ausruhen.

Auch Frau Csiga benennt Frust und Überforderung von Kindern als Risiko von Inklusion. Den Vorteil sieht sie im Bilden einer Gemeinschaft und in der gegenseitigen Unterstützung und Hilfe.

Frau Baffi hebt als großen Vorteil von Inklusion vor allem die Differenzierung hervor. Dabei ist ihr der soziale Aspekt besonders wichtig. Die Kinder könnten so erfahren, was gegenseitige Anerkennung und Wertschätzung bedeutet und dass jeder auf seinem Niveau etwas beitragen und jeder von jedem lernen kann. Für Frau Baffi ist die Zusammensetzung der Klasse hinsichtlich gelebter Inklusion bedeutend, da sie und eine weitere Klassenlehrerin

in [ihrer] jetzigen Klasse auch Kinder dabei [haben], die in der Kita ein Gutachten hatten Richtung emsoz[43], die dieses Gutachten bei uns nicht brauchen, weil die Klasse in sich so zusammengesetzt ist, dass die Kinder sich stützen können und Stützen finden.[44]

---

[39] Kodiertes Interviewtranskript Smith, Pos. 15.

[40] Kodiertes Interviewtranskript Averra Pos. 8.

[41] Ebd.

[42] Ebd.

[43] Abkürzung für den Förderstatus emotionale-soziale Entwicklung.

[44] Kodiertes Interviewtranskript Baffi, Pos. 19.

Zum anderen merkt sie aber an, dass nur „[z]wei schwierige Kinder aus dem Extrem-Bereich dazu [kommen müssten] und die [beiden o.g. Kinder] würden da mitgehen. Und das würde unter Umständen alles boykottieren."[45]

Zusammenfassend lässt sich festhalten, dass sich positive und kritische Sichtweisen auf Inklusion nicht ausschließen und diesbezügliche eindeutige Positionierungen von Lehrkräften schwer auszumachen sind.

4.2.2 Ergebnisse zur dritten Forschungsfrage

Bei der Analyse der Interviews zur dritten Forschungsfrage wurde der Frage nachgegangen, welche Herausforderungen Lehrkräfte im inklusiven Mathematikunterricht identifizieren. Dabei wurde nach solchen Herausforderungen, die sich innerhalb des Unterrichtes zeigen, und solchen Herausforderungen, die sich auf die Rahmenbedingungen beziehen, unterschieden. Betrachtet man die Häufigkeitstabellen, so ist auffallend, dass die beiden sonderpädagogischen Lehrkräfte deutlich weniger Herausforderungen als Bewältigungsstrategien benennen. Hingegen verteilen sich bei den Regelschullehrkräften die Aussagen, die diesen beiden Kategorien zugeordnet wurden, ungefähr gleichmäßig. Dies könnte daran liegen, dass Frau Baffi und Frau Csiga durch ihre sonderpädagogische Ausbildung einen Vorteil gegenüber den Regelschullehrkräften haben.

Ich hab eine andere Sicht. Also ich habe ehm dadurch auch gerade durch die jahrelange Arbeit im geistig Behinderten Bereich und durch die Ausbildung habe ich eine viel minutiösere Sicht ehm auf die Entwicklung. [...]

Und ehm komme manchmal, also oft fehlt uns einfach die Zeit im Unterricht zu kapieren, warum ein Gedankengang bei einem Kind sinnvoll ist oder wo der Fehler steckt oder wo der Sinn des Fehlers ist. Ja die ehm der Sinn eh die Fehler also ehm und da die Qualitäten zu finden, also die. Ich habe eine andere Ausrichtung, ich hab eine feinere Ausrichtung manchmal. Manchmal.[46]

Frau Csiga verweist in dieser Hinsicht auf die unzureichende Ausbildung von Lehrkräften und würde sich diese viel praxisorientierter wünschen. Durch ihre Ausbildung in einem anderen europäischen Land kann sie einen Vergleich ziehen. Bezüglich der zukünftigen hiesigen Lehrkräfteausbildung hat sie folgendes Anliegen:

---

[45] Ebd.
[46] Ebd., Pos. 43, Pos. 45.

Ich würde mir das wünschen, dass nicht nur dieses halbe Jahr Praxissemester ange-
boten wird, sondern einfach völlig von Anfang an viel mehr Möglichkeiten gegeben
werden oder später dann im Berufsleben wirklich so diese Möglichkeit irgendwie so
geht ihr so zu dieser Schule, schaut ihr da zu, da wird das so gemacht und so weiter
und das hilft uns dann wirklich.[47]

Ihr zufolge sollte es nicht nur ein Kooperationsverhältnis von Lehrkräften
innerhalb von Grundschulen geben, sondern ein schulübergreifender Austausch
sollte zu neuer Wissensaneignung beziehungsweise zum Sammeln von neuen
Anregungen und Inspirationen stattfinden.

Auf eine schulübergreifende Kooperation angesprochen, zeigt auch Frau Baffi
Bereitschaft und den Wunsch danach, verweist aber auf die begrenzte zur Verfügung stehende Zeit und die zusätzlichen Aufgaben der Lehrkräfte, die deswegen
häufig ihre Arbeitszeit reduzierten. Mit der folgenden Aussage zeigt sie die vielen
Aufgaben jenseits des Unterrichtens auf:

Ja, also da würde ich aber folgendes zu sagen, das ist alles gut und schön. Der Wunsch,
die Bereitschaft dazu ist theoretisch da. Nur wir haben 28 Deputatsstunden, die wir zu
unterrichten haben. Dazu kommen drei Springstunden, in denen wir zu vertreten haben.
Weil, die oft stattfinden. Dazu kommen so Sondersituationen wie Corona, dazu kommen
alle möglichen Arbeitsgruppen, dazu kommen immer mehr werdende administrative
Aufgaben, dazu kommen Konferenzen, Dienstbesprechungen Punkt Punkt Punkt. Eh
viele Lehrer reduzieren jetzt schon, weil sie volle Stelle nicht schaffen. Eh die eh die
Leute sind über der Grenze im Alltag. Wann soll das stattfinden, wie soll das möglich
sein, wenn keine Räume dafür geschaffen werden und eh mit Lehrermangel, ja, mit
Mangel an Kollegen, die ausgebildet sind. Ja wir sollen Kollegen ausbilden, wir haben
Referendare, wir haben Praktikanten, die natürlich auch Impulse reinbringen. Es ist
alles additiv und es kommt immer noch mehr dazu. Jetzt durch Corona ist nochmal
sehr sehr viel dazugekommen. Ehm es ist der Wunsch ist da und er erstickt im Alltag
in dem, dass die Leute froh sind, wenn sie überleben, wenn sie es schaffen ihre ganzen
Arbeiten korrigiert zu kriegen. Elterngespräche sollen auch stattfinden und Zeugnisse
müssen geschrieben sein. Beschwerden müssen bearbeitet werden. All das braucht
irgendwie Raum und man darf nicht vergessen, die Leute haben meistens auch noch
eine Familie und selber Kinder und alles soll irgendwie stattfinden.[48]

Ebenso verweisen Frau Averra und Herr Smith auf die begrenzte Anzahl
der Lehrkräfte und die vielen anderweitigen schulischen Aufgaben, weswegen beispielsweise Diagnoseanträge nicht gestellt werden[49] oder das inklusive
Unterrichten erschwert wird. Um es mit Frau Averras Worten auszudrücken:

---

[47] Kodiertes Interviewtranskript Csiga, Pos. 64.
[48] Kodiertes Interviewtranskript Baffi, Pos. 53.
[49] Vgl. kodiertes Interviewtranskript Smith, Pos. 9.

[D]ann ist es natürlich umso schwieriger, weil der Tag hat ja nur 24 Stunden und ehm die kann man nicht alle daran geben seinen Unterricht vorzubereiten. Das ist natürlich eine erschwerende Sache.[50]

In dieser Hinsicht wird auch das Verfahren zur Feststellung und Anerkennung eines sonderpädagogischen Förderbedarfs, welches als Herausforderung für Lehrkräfte angesehen werden kann, von Frau Averra angesprochen.

Er ist extrem kompliziert und er ist auch so gemacht, dass aus meiner persönlichen Sicht, er eigentlich so kompliziert gemacht ist, dass man ihn eben nicht einfach so ausfüllen kann, sondern ihn zwei bis dreimal zurückkriegt mit irgendwelchen Anmerkungen von den Sonderpädagogen, was man falsch gemacht hat.[51]

Des Weiteren stellt Frau Averra Herausforderungen in Folge einer unzureichenden Ausbildung von Lehrkräften fest. Sie äußert sich dahingehend über ihre eigenen Grenzen, wenn sie beispielsweise einem Kind bestimmte Inhalte innerhalb von vier Jahren nicht vermitteln kann. Die Unzulänglichkeit des vorhandenen Handwerkszeugs führt dann bei der Lehrkraft zu Frust, wenn sie

bei Kindern an Grenzen stößt und [...] merkt, man gibt sich Mühe, man legt, man macht, man tut, man gibt, man macht alles, was einem gesagt wurde, was man machen soll und trotzdem kann man das nicht verbessern und dieses Wissen, was steckt jetzt wirklich dahinter, also da würde ich manchmal schon Gehirnforscher sein und das mehr verstehen können, warum das bei bestimmten Kindern einfach nicht funktioniert.[52]

Als weitere Herausforderung bezüglich Inklusion benennen alle Lehrkräfte den Personalmangel. Sie wünschen sich für ihren Unterricht eine zusätzliche Lehrkraft, um intensiver auf die Kinder eingehen zu können. Vor allem gezielte Förderung innerhalb des Unterrichts kann aufgrund des Personalmangels nicht stattfinden, da die Lehrkraft auf die Bedürfnisse aller Kinder eingehen muss.

Ja, ich sehe eindeutig das Risiko, dass man nicht genug Zeit hat. Das Potenzial, was denn dann da ist so zu fördern, dass man alles ausschöpft. Das sehe ich eindeutig, weil einfach nicht die Zeit da ist. Wenn ich für diese Kinder eins zu eins Zeit habe, kriege ich völlig andere Resultate, als wenn sie doch relativ selbstständig arbeiten müssen, weil ich einfach noch so viele andere mitbetreuen muss.[53]

---

[50] Kodiertes Interviewtranskript Averra, Pos. 44.

[51] Ebd., Pos. 52.

[52] Ebd., Pos. 26.

[53] Ebd., Pos. 12.

Am geeignetsten scheinen Frau Averra feste Kooperationsteams von Lehrkräften. Auch bei Frau Baffi kristallisiert sich die kontinuierliche Arbeit derselben Lehrkräfte in einer Klasse als entscheidend für inklusiven Unterricht heraus, da die Bindung zwischen Lehrkraft und Kindern für sie einen hohen Stellenwert einnimmt.

Wenn Lehrer häufig krank sind, wenn ständig Lehrerwechsel aufgrund von Schwangerschaften, Krankheiten, Schulwechseln und so weiter passieren oder eben durch Lockdown, kommt eine starke Verunsicherung rein und dann haben die Kinder keinen Boden, um sich gegenseitig auch mitzutragen. Dann sind sie selber so verunsichert und haben einfach keinen roten Faden. Also wenn ich in Klassen vertrete oder unterrichte, wo die Bindung nicht kontinuierlich ist, wirkt sich das sehr sehr stark aus.[54]

Als wichtige Rahmenbedingung für den inklusiven Mathematikunterricht kann hinsichtlich der Material- und Handlungsorientierung eine gute Ausstattung mit Materialien angesehen werden. Allerdings werden die Lehrkräfte dabei vor weitere Herausforderungen gestellt. Herr Smith wünscht sich beispielsweise eine Materialiencloud, in der Lehrkräfte die verschiedenen Materialien sichten und sich Inspirationen holen können. Den von Frau Csiga angesprochenen, in ihrer Schule vorhandenen, Material-Mathe-Fachraum wünscht sich Frau Averra auch in ihrer Schule. Dieser sollte mit ausreichend Materialien ausgestattet sein, damit eine gesamte Klasse bestückt werden kann. Außerdem sollte er nicht von den Lehrkräften finanziert werden müssen, so wie es bisher bei der Materialanschaffung der Fall sei. Frau Baffi rät sogar dazu

[s]ich selbstständig zu machen. Nicht zu warten bis die Schule irgendwas gibt, weil ehm wenn wir warten bis wir es von außen kriegen und finanziert kriegen eh, ist unser halbes Schulleben vorbei und die Sachen, die wir haben wollen, sind schon veraltet.[55]

Des Weiteren sehen alle Lehrkräfte eine Herausforderung in der Bewältigung der Klassengröße. Sie alle konnten durch die Corona-Pandemie die Erfahrungen sammeln, wie es ist, in halbierten Klassen zu unterrichten und beschreiben die Zeit als „ein[en] Segen"[56], da Kinder mit Hemmungen aufblühen konnten, die Unruhe in den Klassen geringer wurde und eine intensivere Lernzeit die Folge war.

---

[54] Kodiertes Interviewtranskript Baffi, Pos. 12.

[55] Ebd., Pos. 47.

[56] Kodiertes Interviewtranskript Csiga, Pos. 78.

Wesentlich. Wesentlich, also mit 10 Kindern in der Klasse zu sitzen war unglaublich schön, weil wir so viel Zeit für alles hatten und wir konnten trotz dessen wir sie nur zwei Stunden am Tag da hatten, die gleiche Menge an Stoff erarbeiten wie in einer normalen Schulwoche, einfach weil wir so viel mehr Zeit hatten und man sich die Kinder auch so einteilen konnte, dass sie zusammengepasst haben, dass es etwas weniger heterogen war und sie sich auch gegenseitig gut unterstützen konnten.[57]

Wie Frau Averra führt Frau Baffi in diesem Zuge noch die Klassenzusammensetzung als Herausforderung an, da diese für sie auch eine maßgebliche Gelingensbedingung für das inklusive Unterrichten darstellt.

Auf jeden Fall ehm die Gruppengröße. Lockdown war natürlich bezogen auf die Gruppengröße geschenkt. Und wir haben sehr viel in diesen Zeiten mehr geschafft als sonst. Wir konnten intensiver begleiten, wir konnten intensiver unterstützen. Ehm und es wäre wünschenswert, es ist jetzt die Frage, inwieweit sich der Effekt auch abnutzen würde. Ja dann glaub ich kommt auch noch dazu, wir hatten früher an der Schule, sehr ehm ein Modell, wo sehr kleine Inklusionsklassen waren. Die waren, glaube ich, auf 16, davon waren vier Inklusionskinder und zwei pädagogische Mitarbeiter ganz am Anfang. Ehm es ist, es hat Vor- und Nachteile. Also es ist, man braucht ja auch Kinder, für die ehm äh also es geht auch um Freundschaften, es geht da auch darum Bezugskinder zu finden. Also vielleicht wäre es gut, wenn die Klasse um 20 rum wäre. Ja also das wäre eine Zahl, wo ich denke, ja das wäre noch machbar. Vielleicht auch da wäre auch phasenweise eine Unterstützung wichtig. Wenn GE[58]*-Kinder drin sind und insbesondere, wenn wie bei uns darum angedacht sind sowieso und es hängt wirklich von den Kindern ab. Es ist nicht unbedingt die Zahl, es ist die Zusammensetzung. Aber ab einer bestimmten Zahl ist eine kontinuierliche angemessene Begleitung nicht mehr möglich alleine. Und wenn dann noch äußere Faktoren dazu kommen, die verunsichern, die Unregelmäßigkeiten mit reinbringen, die in der Schule immer sind, wirkt sich natürlich das sehr stark aus.*[59]

Herausforderungen, welche die Rahmenbedingungen betreffen, sind demnach auf den Personalmangel, eine unzureichende Ausstattung, die begrenzte Zeit von Lehrkräften, die wachsende Anzahl der zusätzlichen Aufgaben und die Ausbildung von Lehrkräften zurückzuführen. Als weitere Herausforderung für das inklusive Unterrichten nennen die Lehrkräfte Klassenstärke und Klassenzusammensetzung.

Innerhalb des Unterrichts identifizieren die Lehrkräfte verschiedene Herausforderungen. Zwar weisen alle darauf hin, dass gewisse mathematische Themen

---

[57] Kodiertes Interviewtranskript Averra, Pos. 42.

[58] Mit „GE-Kindern" sind Kinder mit diagnostiziertem Förderstatus Geistige Entwicklung gemeint.

[59] Kodiertes Interviewtranskript Baffi, Pos. 17.

inklusiv schwerer gestaltbar sind, aber die genannten Themen variieren von Lehrkraft zu Lehrkraft. Herr Smith benennt die Arithmetik als ein solches Thema und äußert, dass „je abstrakter das wird, glaube ich, desto schwieriger wird's."[60] Für Frau Averra ist es hingegen die räumliche Wahrnehmung und für Frau Csiga das Sachrechnen, was im inklusiven Unterricht Hürden bereitet. Leichter inklusiv gestaltbar sind für Frau Csiga „so diese ganzen Einheiten mit Längen, Messen, Wiegen ehm Geometrie, und so weiter."[61] Frau Baffi äußert schließlich eine themenübergreifende Herausforderung:

Ich denke, also nach oben, nach oben muss man immer erfinderischer werden, wie man etwas parallel hinkriegt. Also wenn ich im Zahlenraum bis 1000 bin, dann kann ich jedem GE-Kind auch ein Tausender-Würfel spürbar machen oder so. Aber es ist, es sind dann einfach andere Bereiche, es ist auch nicht jedes Thema gleich mit mit allen bearbeitbar und es ist eine Herausforderung in jedem Bereich irgendwo den Punkt zu finden, den man gemeinsam auf verschiedenstem Niveau zu machen kann.[62]

Die Herausforderungen, die sich durch die große Heterogenitätsspanne der Kinder ergeben, thematisieren bis auf Herrn Smith sämtliche Lehrkräfte im Interview.

Frau Baffi erwähnt als einzige die Herausforderungen der Leistungsbewertung, die sie vor allem bei Klassenarbeiten sieht. Auf der einen Seite solle sie im Unterricht differenzieren, auf der anderen eine gemeinsame Klassenarbeit schreiben. Diese könne weder den leistungsstarken noch den leistungsschwachen Kindern gerecht werden.

Was gar nicht geht aus meiner Sicht, ist die Verbindung mit einer Notengebung und mit äh also, was einfach nicht mehr angemessen zusammengeht, äh die sich am normalen, an nem ja, die sich so wie sie im Moment vorgedacht ist orientiert, die völlig im Widerspruch steht zur Differenzierung in der Inklusion, wenn die Kinder gemeinsame Klassenarbeit schreiben sollen, wo jeder eine vier erreichen könnte. Wie soll das wirklich funktionieren ohne das zu türken. Und wenn ich einem Kind vorher sage, wenn ein Kind vorher die Anerkennung bekommt, dass es etwas für sich neu in der Hand hat, was für es unendlich schwierig war, wo ich einem anderen Schüler sage, der am Anfang sagte, ok also ach ja das ist ja babyleicht, wo ich sag, überleg mal, wie schwer das für dich vor zwei Jahren war, so schwer war das jetzt für ihn jetzt. Äh wenn dieses Kind dann für die gleiche Leistung eine 5 oder eine 4 kriegt oder eine 6, ist das eine Verhöhnung. Und entwertet alles, was wir vorher aufgebaut haben, weil am Ende zählt dann die Note und er kann nicht alles Mögliche erzählen, aber die Entwertung ist sofort mit drin. Das ist ein Aspekt und das erste ist nicht gelöst, das ist

---

[60] Kodiertes Interviewtranskript Smith, Pos. 31.

[61] Kodiertes Interviewtranskript Csiga, Pos. 52.

[62] Kodiertes Interviewtranskript Baffi, Pos. 61.

eine ganz große Schwierigkeit auch immer weiter forciert durch die Veränderung beim Übergang in die Oberschule. Das ist für mich eine ganz schwierige Grenze und das ist etwas, was ich hoffentlich auch in der dritten Klasse nicht tun muss, ich hoffe, dass die Eltern sich anders entscheiden. Das geht für mich nicht zusammen und auch die sehr klugen Schüler sind damit nicht wirklich honoriert, wenn ich die gleiche Klassenarbeit schreiben soll. Die Anforderungen, die ich meinen Schlaubis gebe, kann ich in so einer Klassenarbeit nicht stellen. Sonst geht die allgemeine Bepunktung nicht.[63]

Frau Averra sieht in diesem Punkt hingegen keine Herausforderung:

Da ich ja in der SAPH eingesetzt werde und ich mich da auch sehr wohl fühle, spielen Klassenarbeiten für mich ja nicht so oft eine Rolle. Die hab ich in der dritten Klasse, wo ich ja dann auch anfange Noten zu geben, aber auch selbst da ist das, also da sie ja meine Kinder keinen offiziellen I-Status haben, kann ich ja keine differenzierten Klassenarbeiten anbieten und keinen Nachteilsausgleich. Die müssen alle das gleiche machen, da wir ja zielgleich unterrichten sollen. Und ehm davon daher muss ich da nichts differenzieren oder darf ich nicht mal. Und zum anderen ist es versuche ich ja schon Klassenarbeiten so zu schreiben in der dritten Klasse, wenn die jetzt gerade anfangen Noten zu bekommen, dass sie nicht gerade total frustriert sind. Sie sollen ja motiviert dabeibleiben.[64]

Herr Smith sieht die Notwendigkeit von Förderstunden, die aber oftmals aufgrund der herausfordernden Rahmenbedingungen nicht stattfinden können.

Zusammenfassend lässt sich sagen, dass die Lehrkräfte besonders die Rahmenbedingungen als Herausforderung für den inklusiven Mathematikunterricht benennen. Mit diesen begründen sie auch häufig ihre kritischen Haltungen gegenüber Inklusion.

4.2.3 Ergebnisse zur vierten Forschungsfrage

Die vierte Forschungsfrage widmet sich dem, was die Lehrkräfte für das Gestalten ihres inklusiven Mathematikunterrichts unternehmen. In der Analyse und Auswertung der Interviews hinsichtlich solcher Bewältigungsstrategien wurde zwischen den Gestaltungsprinzipien im Unterricht und Aus- und Weiterbildungsaktivitäten unterschieden.

Grundsätzlich lässt sich festhalten, dass sich bei der Auswertung und Analyse der Interviews sehr individuelle Zugänge der einzelnen Lehrkräfte gezeigt haben.

---

[63] Ebd., Pos. 19.
[64] Kodiertes Interviewtranskript Averra, Pos. 46.

So ist auch die Unterrichtsgestaltung abhängig von der Lehrerpersönlichkeit. Dies zeigt sich in folgenden Äußerungen:

> *Also es ist ehm es ist schön, wenn manche Dinge da sind, aber jeder braucht sein eigenes Handwerkszeug und sein eigenes Material, was wirklich seins ist. Mein Material funktioniert mit mir. Den Hundertteppich, ich habe einen großen Hundertteppich, da weiß ich, da leb ich mit, da sind meine Bezüge drin. Den kann ich jemand anders zur Verfügung stellen, aber der sieht nicht das, was ich sehe. Für den ist es was anderes. Und wenn mir jemand anderes sein Material gibt, das ein oder andere kann für mich passen, aber das meins wird, muss ich mir selbst erobern und ehm also das würde ich jedem mitgeben, dass er guckt, welche Sachen für ihn stimmen, welche Sachen in welcher Klasse, keine Klasse ist wie eine andere, in welcher Zusammensetzung für ihn stimmen, was er in welcher Stelle weiterentwickeln muss, wo er rechts und links noch was findet und mit der Haltung findet man auch rechts und links Dinge und es kann sein, dass man selber viel Geld einsetzen muss, um für sich seine Arbeit entwickeln zu können und seine Arbeitszufriedenheit zu haben.[65]*

> *Und dann ist es halt auch einfach, dass mir das enaktive einfach liegt. Und mir das selbst immer am nächsten liegt, was enaktiv mit den Kindern zu machen. Das ist wahrscheinlich auch ein Stück meines persönlichen Lehrerverhaltens.[66]*

Aufgrund der je eigenen Herangehensweisen und Gestaltungsprinzipien sowohl den Unterricht als auch die eigene Weiterbildung betreffend werden die Bewältigungsstrategien der Lehrkräfte im Folgenden einzeln dargestellt.

Bei Herrn Smith wird deutlich, dass er einen großen Wert auf kooperative Phasen im Unterricht legt und Anschauungs- und Veranschaulichungsmittel für den Erwerb von Kompetenzen einsetzt. Zudem beruft er sich auf das EIS-Prinzip und spricht die Übergänge und den Transfer zwischen den verschiedenen Ebenen an. Kooperationen entstehen in Herrn Smiths Unterricht durch Gruppenarbeiten, wobei herauszuhören ist, dass er die Kinder sowohl in heterogene und homogene Gruppen einteilt. Differenzierungsmaßnahmen werden in Form einer inneren Differenzierung vorgenommen, wobei diese in den meisten Fällen durch die Lehrkraft gelenkt wird, sodass keine natürliche Differenzierung entsteht. Die folgende Antwort auf die Frage nach einer alltäglichen Unterrichtssituation zeigt die wesentlichen Gestaltungsprinzipien von Herrn Smith auf:

> *Ja, also so ein Schema F hab ich da jetzt gar nicht, Das hängt so ein bisschen am Gegenstand. Aber wenn ich jetzt zum Beispiel eine Stunde zum Sachrechnen habe, oder so, ich versuch das häufig kooperativ aufzubereiten, dass die Kinder sich dann entweder in Neigungsgruppen oder in Gruppen zusammenfinden, die ich dann auswähle und*

---

dann ähm werden verschiedene Unterstützungsmöglichkeiten angeboten, sei es jetzt Material oder äh eine additive Binnendifferenzierung oder Zusatzaufgaben oder ähnliches und ja dann, glaube ich, bin ich ja auch derjenige, der rumgeht und dann eben schaut, jetzt zum Beispiel mit dem Schüler mit emotional-sozialen Problematik, dass man da eben nochmal individuelle Impulse setzt oder eben nachsteuert.[67]

Herr Smith benennt das gelegentliche Lesen von Fachzeitschriften, den Besuch von Fortbildungen und den Austausch mit seinem Kollegium als Inspirationsquelle für einen inklusiven Mathematikunterricht.

Auch Frau Csiga holt sich durch die Kooperation mit ihrem Kollegium und durch das Lesen von Fachzeitschriften Anregungen für das Gestalten ihres Mathematikunterrichts. Sie legt dabei großen Wert auf eine Material- und Handlungsorientierung. Bei der Planung ihres Unterrichts versucht sie sich an den Kindern zu orientieren, indem sie an Erfahrungen mit ihren eigenen Söhnen anknüpft und sich dann fragt, welche Schwierigkeiten bei bestimmten Kindern auftreten könnten und wie sie diese unterstützen und abholen könnte.

Und wie ich schon erwähnt habe, ich habe so zwei Söhne zu Hause und ich denke mal, wenn man das auch schon zu Hause als Elternteil irgendwie durchgegangen ist und sieht, ok welche Fragen stellen sich die Kinder, wo sind die Schwierigkeiten, ehm dann denke ich man findet eine ganz gute Weg. Also ich versuche wirklich immer so mit den Köpfen von den Kindern irgendwie auch so nachzudenken, was könnte da schwierig sein zu verstehen oder wie gesagt, erinnere mich daran, ok was war zu Hause zum Beispiel mit meinen Kindern.[68]

Des Weiteren versucht sie, einen Alltags- und Lebensweltbezug herzustellen, damit die Kinder die Relevanz des Lerngegenstands erfahren. Diesen Bezug nimmt sie auch zum Anlass, um einen problemorientierten Einstieg in das jeweilige Thema zu wählen. Als Beispiel führt sie folgendes Unterrichtsbeispiel an:

Ich mm erinnere mich gern zum Beispiel, wir haben jetzt so Anfang des vierten Schuljahres zur Wiederholung, haben wir erstmal so über Gewicht und Wiegen eingestiegen, dass wir einfach so dieser 1000er Zahlenraum uns mit den Kindern überprüfen und wir haben das erstmal total praktisch gemacht, dass wir so mit Bügel und zwei Tüten Sachen gewogen, dass die Kinder einfach diese Funktion von einer Waage verstehen und die waren wirklich total begeistert und und und mochten das sehr gerne, dass dann einfach nicht irgendwie Arbeitsblätter verteilt hat und hat man geguckt, sondern dass wir wirklich über diese lebenspraktische Stunde eingestiegen sind und die Kinder

---

[67] Kodiertes Interviewtranskript Smith, Pos. 39.
[68] Kodiertes Interviewtranskript Csiga, Pos. 40.

haben dann nachher so in Partner eh Arbeit weitergearbeitet und es war wirklich sehr schön zu erleben, wie fröhlich und und und aktiv dabei waren. [...]

Zum Einstieg ähm ich habe selber zwei Söhne und ich nehme oft irgendwie so mmm beim Einstieg, wenn ich zum Beispiel so eine Geschichte oder die Probleme oder die Fragen suche, erzähle ich oft irgendwie ähm irgendwie gerne über meine Kinder und in diesem Fall war das so, dass ich erzählt haben, dass wir im Urlaub waren und meine Söhne wollten, dass ich ihr Lieblingsgericht koche und wir bräuchten dazu mmm von den, weiß ich nicht, mm zwei Kilo Kartoffeln und und und ein Kilo Zwiebeln. Also ich hab verschiedene so Gewichtmengen genannt und das ist bei diesem Rezept wirklich ganz wichtig ist, dass man unbedingt dieses Verhältnis hat und so weiter, aber wir hatten keine Waage und dann haben wir überlegt, was ich machen könnte und dann haben wir das doch irgendwie so geschafft und dann hab ich die Frage gestellt, was denkt ihr, was haben meine Söhne vorgeschlagen und so weiter. Da waren schon natürlich so Kinder, die schon dann irgendwie gesagt haben, naja du hättest einen Stock und du das dann balancieren könntest und so weiter. Also das wir schon auf diese Idee kamen, ok wie wird eine Waage aufgebaut oder so und wir haben auch gesagt ähm was ist am einfachsten ist, du kannst eine Kartoffel in der Hand nehmen und eine Zwiebel und so weiter. Also das schon wirklich von den Kindern bei einem Einstieg schon so gute Vorschläge kamen und dann so. Genau und dann durften die Kinder so verschiedene Sachen irgendwie so äh wiegen, dann müssen sie die Waagen irgendwie so ausbalancieren lassen ähm genau und das was schön war irgendwie so auch so zu sehen, diese diese Fehler, was manchmal so in Kinderköpfen drin ist, wenn ich sage, es sind fünf Kartoffeln, es sind fünf Zwiebeln, dass dann einfach die Menge mit dem Gewicht nicht immer das gleiche ist und so. Also dass sie es dann total praktisch das sehen könnten ohne erstmal noch wirklich so Zahlen ähm zu beziehen. Joa[69]

Anhand dieses Beispiels wird deutlich, dass Frau Csiga in ihrem Unterricht Phasenwechsel in Bezug auf die Lernsettings vornimmt, da sie zuerst eine Einstiegsphase im Plenum wählt und dann die Kinder in die kooperative Partnerarbeit entlässt, in der die Kinder sich aktiv-entdeckend, problemorientiert mit dem Gegenstand auseinandersetzen können.

Offene Unterrichtsstrukturen werden durch die sogenannte „Werkstatt"[70] realisiert, die in Zusammenarbeit mit ihren Kollegen fächerübergreifend stattfindet. Differenzierungsmaßnahmen finden dabei zum einen durch die von der Lehrkraft bereitgestellten Arbeitsmaterialien und Arbeitsaufträge statt und zum anderen durch heterogene Gruppierungen von Kindern, indem

man diese Förderkinder wirklich in Gruppen vielleicht einteilt, wo dann weißt, ok diese Kinder können dann wirklich unterstützen, können damit umgehen, dass er oder

---

[69] Ebd., Pos. 32, Pos. 34.

[70] Ebd., Pos. 26.

das Kind dann einfach nicht so lange dranbleiben kann und dann vielleicht für diese Gruppe auch eher etwas spielerische Aufgaben zu ähm teilt [...].[71]

Was die Förderung von leistungsstärkeren Kindern angeht, verweist Frau Csiga auf außerschulische digitale Projekte zur Begabtenförderung, die von einigen ihrer Schülerinnen und Schülern zu Coronazeiten wahrgenommen wurden. Sie wünscht sich, solche Projekte gemeinsam mit ihren Kolleginnen und Kollegen innerschulisch umsetzen zu können.

Im Interview benennt sie außerdem die Wichtigkeit einer Struktur und Transparenz für die Kinder, damit diese wissen, was sie erwartet.

Diese Struktur und Transparenz versucht auch Frau Averra in ihrer Unterrichtsgestaltung herzustellen, beispielsweise indem sie Einheiten in ihren Unterricht einbettet, die sich wöchentlich wiederholen.

Na es gibt zum Beispiel jede Woche eine Einmaleins-Übungsstunde, die sich. Also ich hab in der zweiten Klasse das Einmaleins eingeführt und über das ganze dritte Schuljahr wird das regelmäßig mittwochs eine Einmaleins-Übungsstunde geben. Das wissen die Kinder und ich hab halt die Erfahrung gemacht, dass das Einmaleins permanent geübt werden muss, weil sie es sonst halt wieder verlieren und das findet zum Beispiel immer statt. Dann mache ich gerne in der eins bis zwei, wenn ich meine Mathestunden spät legen muss, regelmäßige Geometrie-Bastelstunden, wo wir Kunst und Geometrie verbinden und dann mit geometrischen Objekten basteln. Das findet dann auch ganz regelmäßig statt, wo dann die Kinder schon vorher wissen, ah ja, jetzt wird das und das wieder kommen. Oder meine Additions-Subtraktionsübungsstunden, die ich halt auch einmal die Woche mache. Das das halt einfach klar ist, ja das findet jeden Dienstag, jeden Mittwoch statt und da sind sie schon ein bisschen, dann werden sie auch autarker, weil sie ja schon ungefähr wissen, was sie erwartet. Und ich finde eine hohe Transparenz ist für die Kinder sehr wichtig. Wenn die die Wochenstruktur verstanden haben, wenn sie einen Tagesplan vor Augen haben und sehr transparent mitverfolgen können, wo stehen wir im Tagesplan. Das hilft den Kindern immer sehr viel.[72]

Ein weiteres grundlegendes Gestaltungsprinzip von Frau Averra ist das enaktive Arbeiten. Sie sieht darin eine gute Möglichkeit, leistungsschwächere Kinder besonders einzubinden, sodass sie positive Erfahrungen machen können. Generell nimmt die Potentialorientierung bei Frau Averra einen hohen Stellenwert ein.

Also wenn ich weiß, ein Kind kann nicht besonders gut lesen, dann kann es aber mündlich vielleicht gut was erzählen, wo ich versuche das dann wieder aufzugreifen,

---

[71] Ebd., Pos. 30.
[72] Kodiertes Interviewtranskript Averra, Pos. 18.

*sodass jedes Kind immer Erfolgserlebnisse hat, weil ich denke, dass das wirklich die
große Falle ist demotiviert zu werden, weil sie irgendwas nicht verstehen oder nicht
mehr merken, sie kriegen keinen Anschluss.*

*[...] ja ansonsten viel enaktives Arbeiten, weil da für viele Kinder, die schwach sind,
sozusagen alleine in der ersten Phase, wo man noch enaktiv was zusammen macht,
wo es einen Mehrwert drin liegt. Sei es ich führe das Einmaleins ein, die dreier Reihe
und wir hopsen über Dreier-Bündel über den Flur. Und dann kann halt vielleicht ein
kleiner Junge, dem halt das Einmaleins schwerfällt, aber besonders gut über dreier
Bündel rüberspringen und dadurch eine positive Motivation bekommen, um sich damit
überhaupt auseinanderzusetzen.*[73]

Differenzierungsmaßnahmen finden bei ihr in Form von inneren Differenzierungen gelenkt durch die Lehrkraft statt, indem sich einzelne Kinder gewisse
Materialien zur Unterstützung holen dürfen. Natürliche Differenzierungen werden
durch Mathespaziergänge realisiert. Dabei wird ein Lebenswelt- und Alltagsbezug hergestellt, die Kinder können aktiv ihre Umgebung entdecken und dabei in
Kooperation treten, beispielsweise durch (Klein-)Gruppenarbeiten.

*Ich mache sehr gerne Mathespaziergänge, das heißt, ich gehe mit meiner Klasse raus,
da ich davon überzeugt bin, dass Kinder in Bewegung immer am besten lernen. Und
stelle relativ offene Aufgaben. Gehe mit den Kindern durch unsere nähere Umgebung
und sie sollen bestimmte Themenfelder bearbeiten. Das könnte zum Beispiel Geometrie sein. Wo findest du geometrische Formen? Und dann können sie in Partner oder
Gruppenarbeit das aufschreiben oder aufmalen und das ist halt, finde ich, sehr inklusiv, weil jedes Kind auf seinem Niveau arbeiten kann. Ob es jetzt sich mit den
Grundformen oder schon mit geometrischen Körpern beschäftigt oder wenn wir das
zum Thema Addition Subtraktion machen, ob sie dann Fenster zählen und voneinander abziehen oder was auch immer. Oder ich mache auch häufig so nimm Kreide und
schreib erstmal zehn Aufgaben aufm Fußballfeld. Da kann können sie sich auch erstmal die Aufgaben auf ihrem Niveau aussuchen. Das finde ich halt ganz gut, weil das
auch ein sehr spielerischer Ansatz ist. Die Kinder dabei viel Spaß haben und meistens
gar nicht merken, wie viel Mathematik sie machen und es aber auch gleichzeitig es ist
ein ganz starken Alltagsbezug für sie hat. Dass sie halt sehen und irgendwie merken,
Mathe ist überall um uns herum. Messen kann man auch wunderbar auf diese Art
und Weise machen, indem man mit dem Maßband raus in die Natur geht und Sachen
abmisst. Und aber dann auch sehr präzise darauf achtet, legen sie das Maßband rich-
tig an, hat dann irgendwie innerhalb der Gruppe einen der besonders darauf achtet
und dann kann man ja auch gucken, wenn es ein Kind halt motorisch sehr schwerfällt,
dass es halt in Partnerarbeit da zusammen arbeitet und es nochmal nachlernt.*[74]

---

[73] Ebd., Pos. 10, Pos. 58.
[74] Ebd., Pos. 58.

Im Interview mit Frau Averra wird deutlich, dass es für sie sehr wichtig ist, den Leistungs- und Kompetenzstand der Kinder stetig im Blick zu behalten, wobei Rücksprache und Feedback feste Bestandteile ihrer Unterrichtsgestaltungsprinzipien sind. Zudem verwendet sie ein inklusives Lehrwerk, von dem sie aber nicht ganz überzeugt ist. In Bezug auf ihre Aus- und Weiterbildung ist Frau Averra sehr aktiv, sei es durch den Austausch im Kollegium oder mit Sonderpädagoginnen und Sonderpädagogen, durch Fachlektüre oder durch den Besuch von Fortbildungen. Allerdings brächten ihr die Fortbildungen keine neuen Erkenntnisse und auch der Austausch mit der Sonderpädagogik sei oft nicht hilfreich, wie folgende Aussage zeigt:

Die Stimmung [...] von der Sonderpädagogenseite [ist], ja das wird jetzt auch nicht mehr besser werden. Es ist ausgereizt, es ist austherapiert. Und ich finde, das ist kein Ansatz. Ich kann ja nicht sagen in der dritten Klasse, jetzt ist Feierabend, du wirst halt nichts mehr lernen. Punkt. Ende.[75]

Frau Baffi, die eine Montessori-Ausbildung besitzt, auf die sie oft zurückgreift, beschreibt Fortbildungen als „oft etwas einseitig."[76] Auch bei ihr findet ein Austausch mit Kolleginnen und Kollegen statt und sie merkt außerdem an, dass auch Praktikantinnen und Referendare neue Aspekte einbringen. Sie bildet sich mit Hilfe von Verlagsmaterialien und von Supervisionen weiter. Bei ihren Gestaltungsprinzipien nimmt die Material- und Handlungsorientierung einen noch höheren Stellenwert als bereits bei den anderen Lehrkräften ein. Sie greift in ihrem Unterricht auf ein großes Repertoire an Materialien zurück, die natürliche Differenzierung und außerdem Kreativität fördern.

Ja und was mir noch wichtig ist, ist, dass viel Raum für Kreativität ist. Ähm also manches ist gar nicht planbar, das kommt von den Kindern. Also im Montessoribereich gibt es zum Beispiel eine Hundertertafel, wo man eigentlich nur die Zahlen stur in der Abfolge legen muss und eine 1x1-Tafel, wo man die Reihen stur in der Abfolge legen muss. Unsere schlauen Kinder haben angefangen dann, nach kurzer Zeit hatten die das drauf, und dann haben die angefangen Bilder zu legen, also zum Beispiel einen Hasen zu legen oder ein Herz zu legen und nur die Zahlen auszurechnen und die Positionen auszurechnen für dieses Muster oder dieses Bild. Und dadurch wurde das gleiche äh Arbeitsmaterial, was für sie für die normale Anforderung vom Kognitiven zu niedrig gewesen wäre für sie eine spannende Anforderung. Und ähm die anderen Kinder, die im Zahlenraum bis 20, die haben dann irgendwann angefangen sich die Hundertertafel

---

[75] Ebd., Pos. 26.
[76] Kodiertes Interviewtranskript Baffi, Pos. 49.

zu nehmen und zu legen, weil sie einfach, weil das ein attraktives Material war. Sie haben mit dem gleichen Material verschiedene Dinge gemacht.[77]

Bei Frau Baffi finden zudem verschiedene Lernsettings Platz im Unterricht. So arbeiten die Kinder einzeln in ihren Arbeitsheften oder kooperieren in heterogenen und homogenen Gruppen. Phasen im Plenum finden zum Beispiel für Einführungen oder gemeinsame Mathespiele statt. Die Plenumsphasen werden so organisiert, dass jedes Kind auf seinem Niveau in das Unterrichtsgeschehen eingebunden werden kann, selbst wenn es beispielsweise noch in einem ganz anderen Zahlenraum rechnet.

Zuletzt hatten wir viel mit Mal und Geteilt. In dieser Phase ja, haben sich die einen eben wirklich die 1x1-Reihen erarbeitet, ehm die Kinder, die im Zahlenraum bis 20 gearbeitet haben, haben dann zum Beispiel auch auch wo wir in der Zoom-Phase oder so, die konnten dann einfach 2+2+2+2 immer weiter ausrechnen und haben so die Zweier-Reihe hinbekommen oder die Fünfer-Reihe bis 20 und wieder zurück, nur als Plus- und Minus-Aufgabe, sodass dann auch Parallelitäten entstanden und unser autistisches Kind, unser autistisches GE Kind hat Türmchen gebaut mit Einern zur Zahl 1, dann zur Zahl 2, dann zur Zahl 3, zur Zahl 4, zur Zahl 5. Drüber hinaus ging noch nicht. Ja und eh immer gleich hohe Türmchen und dazu die Zahl 1 oder 2 oder 3 oder ne 4 oder 5 dazugelegt jeweils immer ein ganzes Tablett voll. ehm und für die Kinder war klar, dass es ist das gleiche Ergebnis oder dann doch mal dann einfach Muggel ähm Edelsteine in einen Gummiring ähm auch wieder genau zu demselben [...].[78]

Die Wertschätzung und Anerkennung von Leistungen innerhalb der Lerngruppe und durch die Lehrkraft ist Frau Baffi sehr wichtig.

Und was mir eben jetzt vom Erfolg her auffällt, ist, dass in meiner Klasse die Kinder mitkriegen, dass jeder, wenn er etwas leistet, gelobt wird, also beziehungsweise die Freude mitkriegt, dass die Freude gemeinsam ist und dass umgekehrt auch, egal ob das Kind leistungsschwach oder stark ist ne Rückmeldung ein Feedback kommt oder ne klare Rückmeldung kommt, wenn es keine Leistung war oder keine Anstrengungsbereitschaft.[79]

Dabei ist außerdem ein positiver Umgang mit Fehlern und das Aufzeigen, dass Lehrkräfte auch Fehler machen können, von Bedeutung. Weitere Gestaltungsprinzipien, die sich im Interview mit Frau Baffi zeigen, sind das aktiv-entdeckende

---

[77] Ebd., Pos. 6.

[78] Ebd., Pos. 4.

[79] Ebd., Pos. 6.

Lernen, die Etablierung einer Struktur, das gemeinsame Lernen mit- und voneinander sowie die Orientierung am Kind.

    Zusammenfassend lässt sich in Bezug auf die unterrichtlichen Gestaltungsprin-
zipien sagen, dass alle Lehrkräfte Material und Möglichkeiten zum handelnden
Tätigwerden, Kooperationen sowie den Wechsel von Lernsettings und Differenzierungsmaßnahmen in ihren Unterricht integrieren, damit die Teilhabe aller
Kinder am Unterricht gewährleistet werden kann. Auch bei den Weiterbildungs-
maßnahmen der einzelnen Lehrkräfte lassen sich Gemeinsamkeiten feststellen,
so die Lektüre von Fachliteratur oder der Besuch von Fortbildungen. Als wich-
tigster Quell für Anregungen stellt sich entsprechend Korffs Darlegungen für die
Lehrkräfte der Austausch im Kollegium dar.

4.3   Schlussfolgerungen und Diskussion

Die Interviews mit den vier Lehrkräften bieten einen Einblick in den inklusiven Mathematikunterricht und die damit verbundenen Herausforderungen an
zwei Grundschulen und fangen Meinungen und Empfindungen von Lehrkräften
zum Thema Inklusion ein. Dabei zeigten sich Unterschiede zwischen Lehrkräften mit einer sonderpädagogischen Ausbildung und Regelschullehrkräften, sodass
man annehmen könnte, dass die sonderpädagogische Ausbildung im Hinblick auf
einen inklusiven Unterricht von Vorteil ist. Dabei stellt sich die Frage, ob eine
sonderpädagogische Ausbildung aufgrund der „Allgegenwärtigkeit" von Inklusion in Regelschulen fester Bestandteil der Lehrkräfteausbildung sein sollte. An
der Regelschule, an der Frau Averra und Herr Smith unterrichten, scheint nur eine
einzige Sonderpädagogin zu arbeiten, die vorrangig die Testungen der Kinder
vornimmt. Hingegen sind an der Grundschule mit inklusiver Schwerpunktset-
zung mehr Sonderpädagoginnen und Sonderpädagogen vorzufinden, die auch
Klassenleitungen und Fachunterricht übernehmen.

    Das uneindeutige Inklusionsverständnis der Lehrkräfte lässt sich mögli-
cherweise auf die aufgezeigten verschiedenen Interpretationsmöglichkeiten des
Begriffes Inklusion zurückführen. Ein Vergleich zwischen den im Theorieteil herausgearbeiteten Vorschlägen der inklusiven (Mathematik-)Didaktik und den von
den Lehrkräften für ihren Mathematikunterricht gewählten Gestaltungsprinzipien
zeigt, dass viele Prinzipien aus der Theorie in der Praxis nur begrenzt zum Tragen kommen. Als Gründe dafür können beispielsweise Herausforderungen wie
Klassenzusammensetzungen angeführt werden, die in der Theorie bisher wenig
beachtet werden. Diese wären vermutlich auch nur schwer abbildbar, da sich

das Verhalten eines jeden Kindes individuell äußert und kaum auf typische Ver-
haltensmuster zurückgeführt werden kann. Die Klassenzusammensetzung wird
vermutlich immer eine Herausforderung darstellen, nicht zuletzt da bei der Ein-
schulung der Kinder meist kaum Kenntnisse über das individuelle Lernverhalten
und häufig auch nicht über einen möglichen Förderstatus vorliegen.

Ein weiterer Grund, warum nicht alle Gestaltungsprinzipien der (Mathematik-)
Didaktik von jeder Lehrkraft berücksichtigt werden, lässt sich auch darauf
zurückführen, dass jede Lehrkraft ein Individuum ist und sich dies auch in ihrem
Unterrichten zeigt. Nicht jede Lehrkraft kann sich mit offenen Unterrichtsgestal-
tungen anfreunden. Jede Lehrkraft stellt andere Aspekte in den Vordergrund. Bei
Frau Averra ist das die enaktive Handhabung, bei Frau Csiga der Alltags- und
Lebensweltbezug und die Orientierung am Kind, bei Herrn Smith sind es die
kooperativen Phasen und bei Frau Baffi ist es die Wertschätzung, Anerkennung,
die Material- und Handlungsorientierung und der Raum für Kreativität.

Für das inklusive Unterrichten angesehene notwendige Rahmenbedingungen
wie ein festes Kooperationsteam und eine räumliche Ausstattung, wie Käpnick sie
fordert, erachten die Lehrkräfte zwar als wünschenswert, scheinen aber aufgrund
des aktuellen Lehrkräftemangels derzeit gar nicht möglich. Auch die Materialausstattung in den Grundschulen stellt eine Herausforderung dar, da die Lehrkräfte
diese durch Eigeninitiative beschaffen müssen und oftmals keine Klassensätze
vorhanden sind. Teilweise wissen die Lehrkräfte gar nicht, welche Materialien
es auf dem Markt gibt und erfahren erst durch den Austausch mit den Kollegen
davon.

Hier stellt sich die Frage, ob von den Lehrkräften die Eigenfinanzierung ihrer
für das Unterrichten benötigten Materialien verlangt werden kann. In anderen
Berufen werden schließlich den Mitarbeiterinnen und Mitarbeitern für die Arbeit
erforderliche Gegenstände zur Verfügung gestellt.

In Bezug auf die natürliche Differenzierung verweist Korff auf einen neuen
Handlungsrahmen der Lehrkraft und fordert von ihr eine hohe fachliche Souveränität[80]. In den Grundschulen wird aber oft fachfremd unterrichtet, wie es bei Frau
Averra und Frau Baffi der Fall ist, da sie keine mathematische Ausbildung haben.
Trotzdem wird in ihren Interviews deutlich, dass sie sich auf die „schulischen
fundamentalen Ideen", also die festgelegten prozessbezogenen beziehungsweise
allgemeinen Kompetenzen und die inhaltsbezogenen Kompetenzen beziehen.

Die in der Einleitung gestellte übergeordnete Frage der vorliegenden Arbeit
hinsichtlich des Vorhandenseins eines Spannungsverhältnisses kann definitiv
bejaht werden. Es besteht ein Spannungsverhältnis zwischen der Theorie und

---

[80] Vgl. Korff 2016, S. 25.

der Praxis. Damit dieses Spannungsverhältnis im Sinne der Inklusion wirksam werden kann, bedarf es Unterstützungen für Lehrkräfte anstelle zusätzlicher Aufgaben: Das inklusive Unterrichten muss ihnen strukturell erleichtert werden. Dies erscheint eine Voraussetzung dafür, dass Lehrkräfte sich von einer kritischen Sichtweise auf Inklusion lösen, in der vor allem die Herausforderungen gesehen werden. Nur so können die Chancen von Heterogenität aus Perspektive der Lehrkräfte in den Vordergrund rücken.

Resümee und weiteres Forschungsinteresse

5

In der vorliegenden Arbeit konnte durch einen Blick in die inklusive Didaktik und die Mathematikdidaktik sowie durch Interviews mit Lehrkräften zum inklusiven Mathematikunterricht ein Spannungsverhältnis zwischen Theorie und Praxis sichtbar gemacht werden. Zwar realisieren die Lehrkräfte in ihrem Unterricht teilweise die von der Didaktik erarbeiteten Gestaltungsprinzipien, aber die von den Lehrkräften identifizierten Herausforderungen erschweren ihnen das inklusive Unterrichten von Mathematik. Als wesentliche Herausforderungen können der Personalmangel, die begrenzte Zeit der Lehrkraft sowie die unzureichende Ausbildung und Ausstattung, wie beispielsweise mit Materialien, angesehen werden.

Ein weiteres Forschungsinteresse besteht in der Frage, wie Wissenslücken der Lehrkräfte geschlossen werden können, damit ein „Mitschleifen von Kindern" aufgrund unzureichender Kenntnis über ihre Problematik verhindert werden kann. Außerdem stellt sich die Frage, ob wirklich alle Kinder in der Lage sind, ein aktiv-entdeckendes Lernen selbstständig durchzuführen, da dieses viel Selbstdisziplin und ein Interesse an der Auseinandersetzung mit mathematischen Themen von den Kindern verlangt. Auch gilt es zu erforschen, ob angehende Lehrkräfte für einen inklusiven (Mathematik-)Unterricht ausreichend ausgebildet werden. In dem Zuge sind auch die Quereinsteigerinnen und Quereinsteiger in den Blick zu nehmen.

Abschließend ist aus den Interviews resümierend festzuhalten, dass die Lehrkraft im inklusiven Unterricht eine maßgebliche Bezugsperson für die Kinder darstellt und jede Lehrkraft ihre Lehrpersönlichkeit mit in den Unterricht einfließen lässt.

© Der/die Autor(en), exklusiv lizenziert an Springer Fachmedien Wiesbaden GmbH, ein Teil von Springer Nature 2023
N. N. Ossenkopp, *Inklusiver Mathematikunterricht aus Sicht von Lehrkräften*, Berliner Rekonstruktionen des Mathematikunterrichts, https://doi.org/10.1007/978-3-658-43477-9_5

Deswegen soll an dieser Stelle die folgende Interviewsequenz als Abschluss der Arbeit dienen, da sie die gemeinsame Basis für den inklusiven (Mathematik-) Unterricht wiedergibt:

B: *Die spielen Mathe bei uns. Ja, also die sind oft enttäuscht, wenn die Mathematikstunde ausfällt oder wenn wir mal wirklich durch eine Förderstunde und ehm länger machen oder eine Stunde mehr haben, dann sagen wir, das ist unser schöner Tag.*

I: *Das ist glaube ich wirklich das Wichtigste, dass die Kinder Freude am Lernen haben und vor allem auch an der Mathematik.*

B: *Und dass die Lehrer Spaß am Unterrichten haben und Spaß an dem und sich mit den Kindern freuen an dem, was sie erreichen. Das ist ja,*

I: *Das ist das wirklich Wichtigste. Ja vielen lieben Dank.*[1]

---

[1] Kodiertes Interviewtranskript Baffi, Pos. 71 ff.

Literaturverzeichnis

Berge, B. von dem (2020): Teilstandardisierte Experteninterviews. In: Tausendpfund, M. (Hrsg.): Fortgeschrittene Analyseverfahren in den Sozialwissenschaften. Ein Überblick. Wiesbaden: Springer VS, S. 275–300.

Berliner Senatsverwaltung für Bildung, Jugend und Familie & Ministerium für Bildung, Jugend und Sport des Landes Brandenburg (Hrsg.) (2015): Rahmenlehrplan Grundschule. Teil C. Mathematik. https://bildungsserver.berlin-brandenburg.de/fileadmin/bbb/ unterricht/rahmenlehrplaene/Rahmenlehrplanprojekt/amtliche_Fassung/Teil_C_Mathem atik_2015_11_10_WEB.pdf [Stand: 26.07.2023]

Biewer, G., Proyer, M. & Kremsner, G. (2019): Inklusive Schule und Vielfalt. Stuttgart: W. Kohlhammer Verlag.

Bogner, A., Littig, B. & Menz, W. (2014): Interviews mit Experten. Eine praxisorientierte Einführung. Wiesbaden: Springer VS.

Bundeszentrale für politische Bildung (2015): Die UN-Behindertenrechtskonvention. https://www.bpb.de/gesellschaft/bildung/zukunft-bildung/216492/un-behindertenrechtsk onvention [Stand: 26.07.2023]

Dürrenberger, E., Tschopp, S. & Lupsingen (2006): Unterrichten mit Lernumgebungen: Erfahrungen aus der Praxis. In: Hengartner, E., Hirt, U., Wälti, B. & Primarschulteam Lupsingen: Lernumgebungen für Rechenschwache bis Hochbegabte. Natürliche Differenzierung im Mathematikunterricht. 1. Auflage. Zug: Klett und Balmer Verlag AG, S. 21–23.

Feuser, G. (2004) Lernen, das Entwicklung induziert – Grundlagen einer entwicklungslogischen Didaktik. In: Carle U. & Unckel, A. (Hrsg.): Entwicklungszeiten. Jahrbuch Grundschulforschung (Bd. 8). Wiesbaden: VS Verlag für Sozialwissenschaften. https:// doi.org/10.1007/978-3-663-09944-4_18

Flick, U., Kardorff, E. von & Steinke, I. (Hrsg.) (2019): Qualitative Forschung. Ein Handbuch. Reinbek bei Hamburg: Rowohlt Taschenbuch Verlag.

Freie und Hansestadt Hamburg. Behörde für Schule und Berufsbildung (Hrsg.) (2022): Bildungsplan Grundschule. Mathematik. https://www.hamburg.de/contentblob/167 62720/b7907bc07ede0d6718a1589d29ec89cb/data/mathematik-gs-2022.pdf [Stand: 26.07.2023]

Häsel-Weide, U. (2016): Mathematik gemeinsam lernen – Lernumgebungen für den inklusiven Mathematikunterricht. In: Steinweg, A. S. (Hrsg.): Inklusiver Mathematikunterricht – Mathematiklernen in ausgewählten Förderschwerpunkten. Tagungsband des AK Grundschule in der GDM 2016. Bamberg: University of Bamberg Press, S. 9–24.

Helfferich, C. (2019). Leitfaden- und Experteninterviews. In: Handbuch Methoden der empirischen Sozialforschung. Wiesbaden: Springer VS, S. 669–686.

Herkenhoff, J. (2020): Inklusiver Mathematikunterricht. Entwicklung eines Instruments zur Planung von Mathematikunterricht in einem inklusiven Setting. Wiesbaden: Springer VS.

Jütte, H. & Lüken, M.M. (2021): Mathematik inklusiv unterrichten – Ein Forschungsüberblick zum aktuellen Stand der Entwicklung einer inklusiven Didaktik für den Mathematikunterricht in der Grundschule. ZfG 14, S. 31–48.

Käpnick, F. (Hrsg.) (2016): Verschieden verschiedene Kinder. Inklusives Fördern im Mathematikunterricht der Grundschule. Seelze: Kallmeyer in Verbindung mit Klett.

KMK (2011): Kultusministerkonferenz: Inklusive Bildung von Kindern und Jugendlichen mit Behinderungen in Schulen (Beschluss der Kultusministerkonferenz vom 20.10.2011). https://www.kmk.org/fileadmin/veroeffentlichungen_beschluesse/2011/2011_10_20-Inklusive-Bildung.pdf [Stand: 26.07.2023]

KMK (2017): Kultusministerkonferenz: Grundsätze der zieldifferenten inklusiven Beschulung an Deutschen Schulen im Ausland (Beschluss des Bund-Länder-Ausschusses für schulische Arbeit im Ausland vom 20./21.09.2017). https://www.kmk.org/fileadmin/Dateien/veroeffentlichungen_beschluesse/2017/2017_09_20-Grundsaetze-Inklusion-an-Auslandsschulen.pdf [Stand: 26.07.2023]

KMK (2017/2018): Kultusministerkonferenz: Das Bildungswesen in der Bundesrepublik Deutschland 2017/2018. Darstellung der Kompetenzen, Strukturen und bildungspolitischen Entwicklungen für den Informationsaustausch in Europa. Auszug. https://www.kmk.org/fileadmin/Dateien/pdf/Eurydice/Bildungswesen-dt-pdfs/foerderung_und_beratung.pdf [Stand: 26.07.2023]

KMK (2021): Kultusministerkonferenz: Inklusion – gemeinsames Leben und Lernen. https://www.kmk.org/themen/allgemeinbildende-schulen/inklusion.html [Stand: 26.07.2023]

Korff, N. (2016): Inklusiver Mathematikunterricht in der Primarstufe. Erfahrungen, Perspektiven und Herausforderungen. In: Kaiser, A. (Hrsg.): Basiswissen Grundschule. Baltmannsweiler: Schneider Verlag Hohengehren.

Korten, L. (2020): Gemeinsame Lernsituationen im inklusiven Mathematikunterricht. Zieldifferentes Lernen am gemeinsamen Lerngegenstand des flexiblen Rechnens in der Grundschule. Wiesbaden: Springer Spektrum.

Meuser, M. & Nagel, U. (2013): Experteninterviews – wissenssoziologische Voraussetzungen und methodische Durchführung. In: Friebertshäuser, B., Langer, A. & Prengel, A. (Hrsg.): Handbuch Qualitative Forschungsmethoden in der Erziehungswissenschaft. 4. Auflage. Weinheim: Juventa, S. 457–472.

Oechsle, U. (2020): Mathematikunterricht im Kontext von Inklusion. Fallstudien zu gemeinsamen Lernsituationen. Wiesbaden: Springer Spektrum.

Salzbrunn, M. (2014): Vielfalt / Diversität. Bielefeld: transcript Verlag.

Scherer, P. & Moser Opitz, E. (2010): Fördern im Mathematikunterricht der Primarstufe. Heidelberg: Spektrum Akademischer Verlag.

Schmidt, Ch. (2013): Auswertungstechniken für Leitfadeninterviews. In: Friebertshäuser, B., Langer, A. & Prengel, A. (Hrsg): Handbuch Qualitative Forschungsmethoden in der

Erziehungswissenschaft. 4., durchgesehene Auflage. Weinheim u. Basel: Juventa, S. 473–486.

Seitz, S. (2006): Inklusive Didaktik: Die Frage nach dem 'Kern der Sache'. In: Zeitschrift für Inklusion-online.net, 01 (06). https://www.inklusion-online.net/index.php/inklusion-online/article/view/184/184 [Stand: 26.07.2023]

Seitz, S. (2008): Leitlinien didaktischen Handelns. In: Zeitschrift für Heilpädagogik, 6 (08), S. 226–233.

Textor, A. (2018): Einführung in die Inklusionspädagogik. Bad Heilbrunn: Verlag Julius Klinkhardt.

UNESCO (1994a): The Salamanca Statement and Framework for Action on Special Needs Education. https://unesdoc.unesco.org/ark:/48223/pf0000098427?posInSet=9&queryId=N-EXPLORE-e8c1d9ef-e09f-4f11-b55a-456147b9f962 [Stand: 26.07.2023]

UNESCO (1994b): Die Salamanca Erklärung und der Aktionsrahmen zur Pädagogik für besondere Bedürfnisse. https://www.unesco.de/sites/default/files/2018-03/1994_sala manca-erklaerung.pdf [Stand: 26.07.2023]

Vereinte Nationen (2016): Übereinkommen über die Rechte von Menschen mit Behinderungen. Ausschuss zum Schutz der Rechte von Menschen mit Behinderungen. Allgemeine Bemerkung Nr. 6 (16) zum Recht auf inklusive Bildung. https://www.gemeinsam-einfach-machen.de/SharedDocs/Downloads/DE/AS/UN_BRK/AllgBemerkNr6.pdf?__ blob=publicationFile&v=3 [Stand: 26.07.2023]

Walgenbach, K. (2014): Heterogenität – Intersektionalität – Diversity in der Erziehungswissenschaft. Opladen & Toronto: Verlag Barbara Budrich.

Wälti, B. & Hirt, U. (2006): Fördern aller Begabungen durch fachliche Rahmung. In: Hengartner, E., Hirt, U., Wälti, B. & Primarschulteam Lupsingen: Lernumgebungen für Rechenschwache bis Hochbegabte. Natürliche Differenzierung im Mathematikunterricht. 1. Auflage. Zug: Klett und Balmer Verlag, S. 17–20.

Werner, B. (2019): Mathematik inklusive. Grundriss einer inklusiven Fachdidaktik. Stuttgart: W. Kohlhammer.

Winter, H. (2001): Inhalte mathematischen Lernens. https://grundschule.bildung-rp.de/ler nbereiche/mathematik/mediathek/literatur/inhalte-mathematischen-lernens.html [Stand: 26.07.2023]

Wrase, M. (2015): Die Implementation des Rechts auf inklusive Schulbildung nach der UN-Behindertenrechtskonvention und ihre Evaluation aus rechtlicher Perspektive. In: Kuhl, P. et al. (Hrsg.): Inklusion von Schülerinnen und Schülern mit sonderpädagogischem Förderbedarf in Schulleistungserhebungen. Wiesbaden: Springer Fachmedien, S. 41–74.

Printed in the United States
by Baker & Taylor Publisher Services